KRIMINOLOGISCHE ABHANDLUNGEN
NEUE FOLGE

HERAUSGEGEBEN VON R. GRASSBERGER
VORSTEHER DES INSTITUTES FÜR KRIMINOLOGIE DER UNIVERSITÄT WIEN

2

ZUR FRAGE DER ZULÄSSIGKEIT ÄRZTLICHER EXPERIMENTE

UNTER BESONDERER BERÜCKSICHTIGUNG DER FÜR DIE HEILBEHANDLUNG ENTWICKELTEN GRUNDSÄTZE

VON

Dr. HEINRICH GEBAUER
WIEN

SPRINGER-VERLAG WIEN GMBH 1949

ISBN 978-3-662-40660-1   ISBN 978-3-662-41140-7 (eBook)
DOI 10.1007/978-3-662-41140-7

Inhaltsverzeichnis

EINLEITUNG

Die Rechtswissenschaft hat dem ärztlichen Handeln seit lan=
gem ein besonderes Interesse entgegengebracht. Dies liegt darin
begründet, daß die Heilbehandlung eine Fülle rechtlicher Probleme
aufwirft, die zu einer näheren Untersuchung anregen.

Dem Interesse, welches die Juristen für das ärztliche Han=
deln zeigen, entspricht die auf diesem Gebiete vorliegende Lite=
ratur. Die meisten im Zusammenhang mit der Heilbehandlung
stehenden Fragen wurden so eingehend erörtert, daß H e i m b e r =
g e r[1]) schon vor zwei Jahrzehnten die Meinung vertrat, de lege
lata könne kaum mehr etwas Neues gesagt werden und eine Er=
örterung sei daher nur de lege ferenda ergiebig.

Da nun der damals in Behandlung gestandene Strafgesetzent=
wurf längst fallen gelassen wurde, auch über später aufgetretene
Reformpläne der zweite Weltkrieg hinweggegangen ist und unser
heutiger Gesetzgeber gewiß vordringlichere Aufgaben zu erfüllen
hat als gerade das Recht der Heilbehandlung neu zu gestalten,
mag auf den ersten Blick eine Untersuchung, welche ein Problem
aus dem ärztlichen Rechtskreis behandelt, fast als überflüssig er=
scheinen.

Wenn die Frage nach der Zulässigkeit ärztlicher Experimente
an lebenden Menschen dennoch aufgegriffen wird, darf die Berech=
tigung hiezu aus zwei Gründen abgeleitet werden: einmal daraus,
daß das aufgeworfene Problem durch Vorgänge während des letz=
ten Krieges, die durch Strafprozesse und Berichte der breiten
Öffentlichkeit jetzt bekannt geworden sind und auf Fachkreise
und Laien gleicherweise alarmierend wirkten, höchste Aktualität

---

[1]) H e i m b e r g e r 3, S. 389.

gewonnen hat, zweitens, daß über den Begriff und die Zulässigkeit solcher Versuche noch keine ausreichende Klarstellung erfolgte.

Denn die Aktualität würde für sich allein ein Aufrollen der sich aus dem Experiment am lebenden Menschen ergebenden Fragen nicht rechtfertigen, wenn alle damit zusammenhängenden Probleme schon hinlänglich geklärt wären. Bei der Durchsicht der über das ärztliche Handeln vorliegenden Literatur zeigt es sich jedoch, daß dies gerade beim Experiment am Menschen nicht der Fall ist. Die damit im Zusammenhang stehenden Probleme wurden wohl von einigen Autoren aufgegriffen, sind aber entsprechend dem mehr theoretischen Charakter, der ihnen beigemessen wurde, meist nur am Rande behandelt worden; ja man vertrat sogar die Ansicht, solche Experimente kämen fast nur in der Phantasie überängstlicher Naturen vor[2]).

Wenn es noch eines Beweises bedurft hätte, daß diese Versuche auch absolut ernst zu nehmende Realitäten werden können, sind wir von den mit der zunehmenden Entwertung des menschlichen Lebens einhergehenden Vorgängen der jüngsten Vergangenheit eines anderen belehrt worden.

Durch die Kenntnis der in den vergangenen Jahren vorgenommenen Experimente an lebenden Menschen wurde aber nicht nur das Interesse an den damit verbundenen Fragen wachgerufen, sondern auch ein Mißtrauen gegenüber jedem nicht alltäglichen ärztlichen Handeln genährt. Dieses Mißtrauen verbunden mit der Unsicherheit, was denn eigentlich dem Arzt erlaubt ist und was als verbotener Eingriff angesehen werden muß, hat insoferne recht bedauerliche Folgen gezeitigt als auch vollkommen pflichtgemäße und zulässige Eingriffe agitatorisch ausgewertet und als unerhörte Experimente in die Welt hinausgetragen wurden.

So erfuhr die Öffentlichkeit im Herbst 1947 durch eine in sensationeller Aufmachung herausgebrachte Nachricht einer ausländischen Organisation, daß in Wien mit dem Ungeist des gewissenlosen Herumexperimentierens an lebenden Menschen noch nicht gebrochen und neuerdings eine Reihe von Kindern zu qualvollen

---

[2]) B ü d i n g e r 2, S. 6.

Versuchen mißbraucht worden sei. Die maßgebenden öffentlichen Stellen setzten sofort eine Kommission ein, welche die behaupteten Vorfälle untersuchen sollte, und die Polizei erstattete gegen den als verantwortlich bezeichneten Arzt die Anzeige an die Staatsanwaltschaft. Das Ergebnis des ganzen Verfahrens war, daß an neu in ein Infektionskrankenhaus eingelieferten Kindern zu diagnostischen Zwecken kleine Hautexzisionen und eine Untersuchung des Rückenmarkliquors durchgeführt worden waren, um Gewißheit zu verschaffen, ob die Patienten nicht an Flecktyphus oder Kinderlähmung litten. Die Eingriffe selbst entsprachen gewissenhaftem ärztlichem Handeln und waren vollkommen sachgemäß vorgenommen worden. Für ein unerlaubtes Experiment war auch nicht der geringste Anhaltspunkt vorhanden und die so leichtfertig vorgebrachten Beschuldigungen waren nur der Ausfluß einer überreizten Phantasie sowie der Unkenntnis der Tatsache, was denn unter einem unerlaubten Experiment eigentlich zu verstehen sei.

Wenn auch der von den ungerechtfertigten Beschuldigungen betroffene Arzt — übrigens ein anerkannter Fachmann auf seinem Gebiete — vollständig rehabilitiert wurde, so können doch derartige Verdächtigungen dem Ansehen der Ärzteschaft und ganzen medizinischen Schulen schwer gut zu machenden Schaden zufügen.

Die Duplizität der Fälle wollte es, daß kurze Zeit später über ein anderes „Experiment" entschieden werden mußte. Dieser zweite Fall war allerdings ganz anders gelagert und die Auseinandersetzung bewegte sich auf rein sachlicher Ebene.

In einer angesehenen Wiener medizinischen Zeitschrift war von einem Einsender ein durch ihn bereits erprobtes Verfahren beschrieben worden, wie durch die Vornahme einer Punktion an einer Graviden festgestellt werden könnte, ob die Frucht im Mutterleibe lebe oder vielleicht abgestorben sei. Auf Grund dieser Veröffentlichung hatte ein Arzt das neue Verfahren bei einer jungen Frau angewendet und festgestellt, daß die Frucht abgestorben und daher zu entfernen war. Zur Vornahme des hiezu notwendigen Eingriffs wies er die Frau an eine Klinik. Bei der Untersuchung wurden nun dort die Spuren der Punktion vorgefunden und es entstand der Verdacht, daß an der Frau ein Abtreibungsversuch vorgenommen worden sei. Gegen den behandelnden Arzt wurde die Anzeige erstattet und ein Strafverfahren eingeleitet. Bei Gericht hatte dann erst ein ärztlicher Sachverständiger zu entscheiden, ob der angeklagte Arzt lege artis gehandelt hatte oder nicht. Dabei wurde eingehend die Frage erörtert, inwiefern mit Rücksicht auf die Gefahr für die Frucht ein solcher Eingriff zu rechtfertigen sei, und natürlich besonderes Gewicht auf die Tatsache gelegt, daß hier eine neue Methode Anwendung gefunden hatte. Auch in diesem Falle erhob sich die Frage, ob der noch nicht genügend erprobte Eingriff als Experiment angesehen werden muß; bejahendenfalls, unter welchen Umständen ein solches gerechtfertigt ist.

Die vorliegende Arbeit hat es sich nun zur Aufgabe gemacht, die mit dem Experiment am lebenden Menschen zusammenhängenden Fragen einer Klärung zuzuführen und insbesondere zu prüfen, unter welchen Voraussetzungen solche Versuche als zulässig angesehen werden können.

Da aber vor der eigentlichen Beantwortung der Frage, inwieweit Experimente am lebenden Menschen zulässig sind, einmal festgestellt werden muß, was überhaupt unter diesem Begriff zu verstehen ist und wie weit er reicht, müssen zur Gewinnung einer zweckentsprechenden Abgrenzung auch benachbarte Gebiete ärztlichen Handelns in den Kreis der Untersuchung miteinbezogen werden. Hier nimmt vor allem — wie wir bereits an dem obigen Beispiel gesehen haben — die erstmalige Anwendung einer neuen Heilmethode einen besonderen Platz ein, denn sie wird oft ebenfalls unter den Begriff des Experiments am Menschen subsumiert. Wenn wir uns schon aus diesem Grunde mit der erstmaligen Anwendung einer neuen Heilmaßnahme eingehender beschäftigen müssen, so wird dadurch noch in anderer Hinsicht etwas gewonnen, da auch dieses Problem im Schrifttum bisher nur gestreift wurde.

Schließlich können die Probleme, welche im Zusammenhang mit dem Experiment am Menschen stehen, nicht isoliert für sich allein betrachtet werden, ohne auf die ärztliche Tätigkeit katexochen — die normale Heilbehandlung — entsprechend Rücksicht zu nehmen, da Grundsätze, die für die Heilbehandlung entwickelt wurden, bei der engen Verbindung zwischen den einzelnen Seiten des ärztlichen Handelns natürlich auch für das übrige Gebiet ärztlichen Wirkens Beachtung finden müssen. Außerdem erscheint es zweckmäßig, gewisse Grundfragen, die für verschiedene Teile der Arbeit von Bedeutung sind, gemeinsam zu behandeln.

Es soll daher auch kurz auf die rechtliche Beurteilung der Heilbehandlung eingegangen und zu den hauptsächlichsten Lehrmeinungen Stellung genommen werden[3]). Damit wird überhaupt ein Überblick über die Problematik jedes ärztlichen Handelns gegeben.

Wenn auch für die Entscheidung über die Zulässigkeit eines menschlichen Verhaltens vor allem die Normen der Rechtsordnung heranzuziehen sind, kann hier mit ihnen allein das Auslangen nicht gefunden werden, sondern es wird neben ihnen noch besonderes Augenmerk auf die Grundsätze der ärztlichen Ethik zu richten sein. Dies erweist sich schon deshalb als notwendig, da einer ausschließlich rechtlichen Betrachtungsweise leicht der Vorwurf der Einseitigkeit und Vernachlässigung medizinischer Forderungen und Notwendigkeiten gemacht werden könnte. Ein solcher Einwand fällt aber dahin, wenn parallel zu der nach rechtlichen Gesichtspunkten vorgenommenen Prüfung auch untersucht wird, welche Stellungnahme zu den in Frage stehenden Problemen sich aus den Grundsätzen der ärztlichen Ethik ableiten läßt[4]).

---

[3]) Wenn auch das Zitieren eines Übermaßes von Autoren und Schrifttumsnachweisen, wie es in der Vergangenheit oft aus rein optischen Gründen geübt wurde, nicht anzustreben ist, so scheint doch die Methode einiger in der letzten Zeit veröffentlichter wissenschaftlicher Werke, welche die vorhandene Literatur entweder gar nicht oder nur sehr mangelhaft berücksichtigen, nicht die richtige zu sein. Die Lösung dürfte auf einem Mittelweg liegen, nämlich von den vorliegenden Lehrmeinungen und Schriften so viel aufzunehmen, daß sich der Leser ein Bild von den bereits vorhandenen Ergebnissen machen kann und, falls er weitere Einzelheiten benötigt, in dem angeführten Schrifttum noch Hinweise auf die übrige Literatur findet.

[4]) Über das Verhältnis von Rechtsordnung und Ethik zueinander siehe unten S. 23 f.

Eine Untersuchung des Experiments am Menschen, die sich ausschließlich nach rechtlichen Gesichtspunkten richtet, müßte notgedrungen höchst einseitig und unbefriedigend bleiben. Denn wenn schon bei jedem alltäglichen ärztlichen Handeln das ethische Verantwortungsbewußtsein eine nicht zu unterschätzende Bedeutung hat, so gilt dies in um so größerem Maße beim Experiment.

Andererseits genügt auch nicht ein Vorgehen nach ausschließlich ärztlichen Gesichtspunkten, da bei aller Würdigung der Bedeutung der ärztlichen Ethik vor der ethischen Beurteilung des Versuches am Menschen doch die juristische Klärung stehen muß[5]) [6]). Beide für sich allein bleiben Stückwerk, zusammen müssen sie aber einen geeigneten Ausgangspunkt für die Beantwortung der aufgeworfenen Fragen abgeben.

Diese Überlegung rechtfertigt wohl auch, daß die vorliegende Untersuchung von einem Juristen angestellt wird[7]). Denn wenn auch hier ein Problem zu behandeln ist, das an der Grenze von Rechtswissenschaft und Medizin steht, so obliegt doch vor allem der ersteren die Aufgabe, ein menschliches Verhalten nach den Normen der Rechtsordnung zu beurteilen. Daß dabei die Belange der Medizin gebührende Beachtung finden müssen, ist nach dem Gesagten selbstverständlich.

---

[5]) Zur Frage des Verhältnisses des autonomen zum heteronomen Sollen Reininger S. 105 ff.

[6]) Es scheint nicht richtig zu sein, die ärztliche Ethik als Reflexwirkung juristischer Meinungen anzusehen, wie dies Nathan S. 10, Anm. 5, tut. Gegen eine solche Auffassung spricht schon die Geschichte der ärztlichen Ethik, die deren Selbständigkeit deutlich dokumentiert. Die ärztliche Ethik hat ihre wesentlichen Grundsätze die Jahrtausende hindurch aufrechterhalten, unbeeinflußt vom Wandel der Rechtsordnungen und geänderten Rechtsanschauungen.

[7]) Es ist erstaunlich, gerade von einem Rechtsanwalt die Meinung vertreten zu sehen, daß es ein schwerer Fehler sei, Juristen über die Frage der Zulässigkeit ärztlicher Experimente entscheiden zu lassen. Steinbauer S. 8.

Von ärztlicher Seite macht man der Rechtswissenschaft allerdings mitunter den Vorwurf, daß sie sich zu viel in die Angelegenheiten der Medizin und der Ärzteschaft einmische[8]). Demgemäß wird die zweite Hälfte des vorigen Jahrhunderts sogar als aurea aetas der Heilkunde bezeichnet, weil sich die Juristen damals angeblich nicht so sehr mit der rechtlichen Natur der ärztlichen Maßnahmen beschäftigt hätten und die Medizin daher ungehindert ihren Aufschwung nehmen konnte[9]). Nun kann aber die Behandlung rechtlicher Fragen, die im Zusammenhang mit der ärztlichen Tätigkeit stehen, der Medizin und der Ärzteschaft sicherlich keinen Abbruch tun. Die Heilkunde ist ja keine Geheimwissenschaft, welche das Licht des Tages zu scheuen hätte — wann immer sie als solche angesehen und gewisse medizinische Belange etwa als „geheime Reichssache" behandelt wurden, standen die betreffenden Maßnahmen nicht im Einklang mit den Grundsätzen eines wahren Arzttums. Die im Rahmen einer Heilbehandlung gesetzten Tatbestände können wie jede andere menschliche Tätigkeit einer rechtlichen Beurteilung unterworfen werden, ohne daß deshalb die Medizin Schaden nehmen müßte.

Wenn sich manche Ärzte vielleicht daran stoßen, daß im Laufe solcher Erörterungen ihnen abwegig erscheinende Fragen — wie die nach Rechtswidrigkeit, Tatbestandsmäßigkeit, Schuld usw. — geprüft werden, mögen sie bedenken, daß jede Wissenschaft die ihr eigene Art der Untersuchung und Behandlung hat und der Jurist eben ein menschliches Verhalten nach allen Seiten hin entsprechend einem bestimmten System beurteilen muß. Umgekehrt würde auch ein Laie in medizinischen Belangen einem Arzt Unrecht tun, wenn er dessen Maßnahmen, ohne die näheren Zusammenhänge zu kennen, nur danach wertet, wie sie sich ihm rein äußerlich darbieten. Es berührt nur seltsam, daß sich Ärzte auch in grundlegenden Fragen der Rechtswissenschaft ein Urteil zutrauen, wie z. B. Meixner, der es überflüssig findet, die Unter-

---

[8]) H a b e r d a 1, S. 7.
[9]) R e u t e r 1, S. 5.

scheidung zwischen Rechtswidrigkeit und Schuld aufrechtzu=
erhalten[10]).

Daß die Rechtswissenschaft für die Notwendigkeiten der Me=
dizin volles Verständnis hat und keineswegs beabsichtigt, über
den Häuptern der sich im Dienste für ihre Mitmenschen auf=
opfernden Ärzte noch ein Damoklesschwert schweben zu lassen,
mögen die folgenden Ausführungen beweisen.

---

[10]) M e i x n e r S. 7. Dies erinnert an den Ausspruch S t o o ß' S. 92:
„Man fordert mit Recht von dem Juristen, daß ihm die Naturwissenschaften
nicht fremd bleiben... Daß die meisten Mediziner die ersten und einfach=
sten Grundsätze des Rechts nicht kennen, scheint bisher übersehen worden
zu sein." In richtiger Einstellung hiezu meint B ü d i n g e r als Arzt 1, S. 81:
„Eine eingehende Kritik der strafrechtlich=technischen Frage steht gewiß dem
Laien nicht zu."

I. Die Beurteilung der Heilbehandlung vom Standpunkt der Rechtsordnung und die Bedeutung der ärztlichen Ethik

A. Rechtsordnung und Heilbehandlung

1. Die Aufgabe des Staates Leben zu erhalten und die sich hieraus ergebenden Folgerungen

Den letzten Worten, die Schiller den Chor in seiner „Braut von Messina" sprechen läßt — „das Leben ist der Güter höchstes nicht"[11]) — kann für den Bereich des Staates und der Rechtsord: nung keine Gültigkeit zuerkannt werden. Der Staat stellt eine Lebensgemeinschaft dar, seiner Herrschaft sind nur Lebende un: terworfen. Die Macht über seine Untertanen endet dort, wo deren Leben zu Ende geht; im Augenblick des Todes eines Menschen hat daher der Staat für ihn seinen Zweck verloren.

Das Leben seiner Bürger muß also für den Staat einen Ober: wert darstellen, an dem sich erst der Wert oder Unwert seiner Tätigkeiten und Maßnahmen zu erweisen hat[12]). Denn was nützen alle Bestrebungen des Staates, wenn sie dem Leben seiner Unter: tanen nicht förderlich sind, sondern ihm sogar noch schaden und so die conditio sine qua non seiner Herrschaft beseitigen. Mag auch die Sinngebung des Lebens für den einzelnen Menschen ent: sprechend seiner Religion und Weltanschauung verschieden sein, ein Staat, der das Leben seiner Bürger mißachtet, führt sich selbst ad absurdum. Er mag in die Lage versetzt werden, es in Notzei: ten (Krieg) zu gefährden oder es in Ausnahmefällen zu vernich:

---

[11]) Hingegen H e i n e in·seinen Reisebildern: „Das Leben ist der Güter höchstes und das schlimmste Übel ist der Tod!"

[12]) Zum Begriff des Oberwertes R e i n i n g e r S. 55.

ten (Todesstrafe)[13]), Grundsatz muß jedoch für ihn die Wahrung der Existenz seiner Bürger bleiben[14]).

Unter diesen Grundsatz fällt die Sorge um die Betreuung des Lebens der Bürger und um die Förderung bzw. Wiederherstellung ihrer Gesundheit. Andererseits erklärt sich auch daraus, daß das Leben als Schutzobjekt von allen unter dem Schutz der Gesetze stehenden Gütern eine besondere Stellung einnimmt. Nun kann aber der Fall eintreten, daß diese beiden aus dem Grundsatz der Wahrung der Existenz der Staatsbürger entspringenden Tendenzen — Erhaltung des Lebens durch fördernde Maßnahmen und Hintanhaltung von Gefährdungen durch Verbote — in eine Kollision miteinander treten, daß, obwohl beide ein und demselben Zweck dienen, die eine Tendenz des Staates nicht ohne Verletzung der anderen wirksam werden kann.

Das tritt vor allem dann ein, wenn es sich darum handelt, das Leben oder die Gesundheit eines Menschen durch einen Eingriff zu erhalten, der an und für sich gegen das Verbot der Beeinträchtigung der körperlichen Unversehrtheit verstößt. Auf der einen Seite wäre es also etwa zur Erhaltung eines menschlichen Lebens unbedingt und anerkanntermaßen notwendig, eine Geschwulst aus dem Körperinnern zu entfernen, diesem Eingriff steht aber nach dem Verbot der Körperverletzung die prinzipielle Unzulässigkeit der Eröffnung der Bauchhöhle entgegen.

Lägen die Verhältnisse immer so einfach, wäre es nicht schwer, eine eindeutige Lösung zu finden. Im vorliegenden Fall steht das Gebot der Behandlung dem Verbot der Verletzung entgegen; beide sind Folgerungen aus dem Prinzip der Wahrung des menschlichen Lebens, der Grundgedanke ist für beide, Leben zu erhalten. Es kann keinem Zweifel unterliegen, daß der Zweck, welcher den zwei Tendenzen gemeinsam ist, durch das Einhalten des Verbotes nicht erreicht wird. Ja, es würde dadurch gerade das Gegenteil eintreten und damit ein Verstoß gegen das bestehende Gebot der Lebenserhaltung begangen werden[15]). Die Tatsache, daß man vielleicht eher geneigt ist, ein Gebot zu mißachten als

---

[13]) Obwohl gerade als Begründung für die Ablehnung der Todesstrafe nicht zuletzt die Tatsache ins Treffen geführt wird, daß der Staat damit auf einen Bereich kommt, der schon jenseits seiner Kompetenz liegt. Einen Überblick über die in diesem Zusammenhang vorgebrachten Meinungen gibt G ü r t l e r S. 16 f.

[14]) Nach Aristoteles der „ursprüngliche" Staatszweck; vgl. dazu V e r droß = D r o ß berg S. 134.

[15]) Über das Überwiegen des Heilinteresses W o l f f 1, S. 265

gegen ein Verbot zu verstoßen, darf nicht dazu verleiten, hier vor der scheinbaren Verletzung des Verbotes zurückzuschrecken. Maßgebend muß sein, sich so zu verhalten, daß das Prinzip aufrecht erhalten wird. Der operative Eingriff ist also nicht nur erlaubt, sondern das einzig Gebotene.

Ein so klares Erkennen des gebotenen Verhaltens im konkreten Fall ist aber nicht immer möglich, da ein eindeutiges Abwägen der Tendenzen oft undurchführbar ist. Es kann dem eine unsichere Indikationsstellung und unsere beschränkte Einsicht in den Kausalverlauf entgegenstehen oder es sind neben dem Grundsatz der Lebenserhaltung noch andere Prinzipien — etwa das der persönlichen Freiheit des Kranken — zu berücksichtigen.

Aber für die Beantwortung der aufgeworfenen Frage nach der Grundlage der Heilbehandlung[16]) genügt wohl eine grundsätzliche Ableitung aus den Tendenzen des Staates; es ist gar nicht notwendig und zweckmäßig, vom einzelnen Fall auszugehen und von da aus auf induktivem Wege eine allgemeine Norm auffinden zu wollen, weil dann tatsächlich durch die oben angeführten Schwierigkeiten eine Lösung schwer fällt und ein Abirren nur allzu leicht möglich ist. Ein Beweis hiefür scheint die Uneinigkeit zu sein, die in Lehre und Schrifttum über die rechtliche Einordnung des ärztlichen Handelns besteht. Da die hiebei vertretenen Meinungen immerhin die Probleme jeder ärztlichen Tätigkeit von den verschiedenen Standpunkten aus aufzeigen, scheint es gerechtfertigt, auch auf sie einen kurzen Blick zu werfen.

2. Die rechtliche Natur der Heilbehandlung im Spiegel der Lehrmeinungen

Ausgehend von der Annahme, daß durch einen ärztlichen Eingriff eine Verletzung des Patienten gesetzt wird, sehen die meisten Autoren bei einer Heilbehandlung grundsätzlich die objektive Tatseite einer Körperbeschädigung verwirklicht[17]). Damit

---

[16]) Wenn hier und weiterhin von Heilbehandlung gesprochen wird, sind vor allem operative Eingriffe und medikamentöse Behandlungen mit Giften gemeint.

[17]) Der Arzt kann allerdings in Ausnahmefällen in die Lage kommen, bei der Ausübung seines Berufes die objektive Tatseite auch einer anderen tatbestandsmäßigen Handlung als einer Körperverletzung zu verwirklichen. Dies insbesondere bei der Rettung von Selbstmördern. Über die Rechtfertigung solcher Handlungen, die in Verfolgung des Heilzweckes vorgenommen werden, Nathan S. 51.

wird natürlich keineswegs von vornherein dem ärztlichen Handeln der Stempel des Verbotenen und Inkriminierten aufgedrückt, denn die Tatbestandsmäßigkeit sagt ja hinsichtlich Deliktmäßigkeit noch gar nichts aus; es müßten vielmehr noch Rechtswidrigkeit und Schuld hinzutreten.

Obwohl also die Feststellung, daß ein menschliches Verhalten der objektiven Tatseite eines gesetzlichen Deliktstypus entspricht, in keiner Weise ein Unwerturteil enthält — der strafrechtliche Grundsatz, daß die Tatbestandsmäßigkeit die Rechtswidrigkeit indiziert, ist ja keine praesumptio iuris et de iure — ist es scheinbar doch einer Gruppe von Juristen ein unerträglicher Gedanke, eine auch nur äußere Parallele zwischen einem ärztlichen Handeln und einer Körperverletzung hergestellt zu wissen. Daß Mediziner diese Feststellung als absurden Auswuchs juristischer Spitzfindigkeit betrachten, kann nicht wundernehmen, da es sich hier um eine in erster Linie theoretische Frage handelt, für die von einem Laien, der noch dazu nicht ganz unbefangen ist, keine Einsicht erwartet werden kann.

Führend in der Bekämpfung der Ansicht, die Heilbehandlung stelle eine Körperverletzung dar, ist vor allem S t o o ß[18]). Er vertritt die Meinung, daß der Chirurg, der einen Patienten operativ behandelt, den Körper und die Gesundheit des Kranken nicht schädige und auch nicht schädigen wolle. Sein ganzes Bemühen sei vielmehr darauf gerichtet, dem Behandelten wohlzutun und ihm nicht zu schaden. Der Arzt, der eine operative Behandlung einleitet, übe keine körperverletzende Tätigkeit aus, er b e handle den Kranken und m i ß h a n d l e ihn nicht.

Gegen diese Auffassung wurde schon seinerzeit vorgebracht, die auf die Heilungsabsicht des Arztes gestützte Argumentation beruhe auf einer Verwechslung von Endzweck und Vorsatz[19]) und M e y e r bemerkte hiezu, ein ärztlicher Eingriff erscheine keineswegs schon aus Gründen des straflosen Vorsatzes gerechtfertigt[20]). Obwohl S t o o ß der Auslegung seiner Ansicht durch M e y e r entgegentritt, bleibt er doch grundsätzlich bei der Behauptung, daß der Wille des Arztes, einen Patienten zu behandeln, den Vorsatz, dessen Körper zu beschädigen, ausschließe, weil die Behandlung des Arztes keine körperverletzende Tätigkeit, sondern das gerade Gegenteil einer Körperverletzung sei[21]).

---

[18]) S t o o ß S. 92.
[19]) L i s z t S. 151.
[20]) M e y e r S. 271.
[21]) S t o o ß S. 92.

Dieser Stellungnahme scheint nun doch eine Vermengung von Tatbestand und Schuld zugrunde zu liegen. Denn die objektive Tatseite einer Körperverletzung umfaßt einzig und allein Tatsachen. Tatsachen, die — sind sie einmal existent geworden — weder von der subjektiven Einstellung des Handelnden noch von dessen Motiven abhängen.

Ist daher etwa der im § 411 StG. festgehaltene objektive Tatbestand verwirklicht, so ist es für die Feststellung, daß die objektive Tatseite dieses Deliktstypus gegeben ist, belanglos, ob sich der Handelnde von ärztlichen Beweggründen leiten ließ oder ob die Verletzung aus einem anderen Grunde zugefügt wurde. Der Unterschied zeigt sich eben erst bei der Prüfung der beiden weiteren Deliktsmerkmale — dann erst bewahrheitet sich der Satz „si duo faciunt idem, non est idem".

Wenn schließlich S t o o ß' Ausführungen in der Behauptung gipfeln, eine Tätigkeit, die nach dem obersten Grundsatz „nil nocere" ausgeübt wird, könne unmöglich in der Zufügung von Körperverletzungen und Gesundheitsschädigungen bestehen, ist hiezu nochmals zu bemerken, daß durch die Feststellung, eine Handlung stelle sich tatbestandsmäßig als Körperverletzung dar, ja überhaupt noch kein Unwerturteil oder Vorwurf begründet wird. Es entspricht der menschlichen Natur, daß zur Rettung eines Lebens mitunter ein hoher Einsatz zu leisten ist, diesen Einsatz stellt eben der durch die Krankheit gefährdete Organismus dar.

Greifen wir nun zur Entscheidung, ob durch einen ärztlichen Eingriff der Tatbestand einer Körperverletzung verwirklicht wird, auf den Wortlaut unseres Strafgesetzbuches zurück, so finden wir die betreffenden Bestimmungen vor allem in den §§ 152 und 411. Bei der Prüfung des § 152 StG. auf die Voraussetzungen, wann im Sinne dieser gesetzlichen Bestimmung die objektive Tatseite einer Körperverletzung vorliegt, darf man natürlich nicht schon vor den Worten „nicht in der Absicht, ihn zu töten, aber in einer anderen feindseligen Absicht" zurückschrecken, da die Schuldseite mit dem Tatbestand primär überhaupt nichts zu tun hat und daher nur das Vorliegen folgender Merkmale zu prüfen ist: eine Handlung solcher Art, daß aus ihr eine Gesundheitsstörung oder Berufsunfähigkeit von mindestens zwanzigtägiger Dauer, eine Geisteszerrüttung oder eine schwere Verletzung erfolgt. Die Prüfung, ob im konkreten Fall die Beeinträchtigung der körperlichen Integrität eines Menschen eines dieser Merkmale aufweist, obliegt letzten Endes dem Richter[22]), der sich aber auf die Beurteilung der Verletzung durch einen ärztlichen Sachverständigen stützen wird. Allerdings ist es auch für einen Arzt nicht leicht, die Schwere der Verletzung zu beurteilen, da sich kaum eine feste Grenze bestimmen läßt, wann eine Verletzung aufhört, eine leichte zu sein; der medizinischen Wissenschaft ist eine Unterscheidung zwischen leichter und schwerer Verletzung überhaupt fremd[23]) und auch bei den vom Gesetz aufgestellten Kriterien kommt es viel auf die subjektive Einstellung des Beurteilers an[24]). Es ist aber selbstverständlich, daß auch wir der Ansicht eines Fachmannes gebührende Beachtung schenken.

Was nun vorerst die Gesundheitsstörung betrifft, sieht D i t t r i c h[25]) in ihr eine Störung des Allgemeinbefindens, zum mindesten aber eine wesentliche Veränderung lebenswichtiger Organe, welche die physiologischen Funktionen des Organismus beeinträchtigt; dazu gehören auch akute fieberhafte Prozesse. Auszugehen ist dabei immer von dem Zustand des Verletzten zur Zeit der Verletzungshandlung. So könnte natürlich auch an einem bereits Kranken das Delikt nach § 152 StG. begangen werden, wenn durch eine Schädigungshandlung eine weitere Beeinträchtigung des Organismus eintritt.

Unter einer Berufsunfähigkeit versteht man bekanntlich das Unvermögen des Verletzten, seinen speziellen Beruf auszuüben. Berufsunfähigkeit ist daher nicht der Unmöglichkeit, irgend eine Arbeit zu leisten, gleichzusetzen. Trifft die Verletzung einen zeitweilig Berufsunfähigen, muß geprüft werden, ob die weitere Unmöglichkeit der Berufsausübung auf das Grundleiden oder die Schädigungshandlung zurückzuführen ist.

Eine Geisteszerrüttung kommt in unserem Fall kaum praktisch vor; es bleibt noch die schwere Verletzung, deren Vorliegen durch die Erheblichkeit des dem Körper zugefügten Nachteils gekennzeichnet ist. Sie ist etwa bei längerer Bewußtlosigkeit, schweren Respirations oder Zirkulationsstörungen und wesentlichen Beeinträchtigungen der Funktion der Ausscheidungswege gegeben[26]). Sie liegt aber auch vor, wenn schon nach dem Grade und

---

[22]) Vgl. M a l a n i u k II, S. 33.

[23]) Dazu R e u t e r 2, S. 223.

[24]) H o f m a n n H a b e r d a S. 369 ff. und A l t m a n n in A l t m a n n J a k o b S. 384.

[25]) D i t t r i c h S. 234 f und die dort angeführte E. d. OGH., Zl. 7784 vom 19. Dez. 1901. Siehe auch R i t t l e r II, S. 19.

[26]) D i t t r i c h S. 244.

dem Sitz der Verletzung ein wichtiger Nachteil für den Verletzten eintritt, ohne daß auch der Gesamtorganismus beeinträchtigt wäre.

Um dem Einwand zu begegnen, daß ein ärztlicher Eingriff schon prinzipiell nicht als „Verletzung" bezeichnet werden könnte, soll auch kurz das Wesen dieses Begriffes geklärt werden. Nach Bayer liegt eine Verletzung dann vor, wenn eine Veränderung der Gewebe der betreffenden Person gegeben ist, wenn sich also der Zustand der Gewebe vor dem verletzenden Ereignis anders darstellt als nachher[27]). Die Folgen einer Verletzung liegen demnach in verschieden starken Störungen oder Lösungen des natürlichen Zusammenhanges des betreffenden Körperteils. Daß durch einen ärztlichen Eingriff eine solche Veränderung herbeigeführt wird, bedarf keiner weiteren Erörterung.

Prüfen wir nun zusammenfassend die Tatbestandsmerkmale des § 152 StG. auf ihre Übereinstimmung mit den Folgen größerer ärztlicher Maßnahmen, so bedarf es keiner besonderen medizinischen Ausbildung, um festzustellen, daß deren Folgezustände wohl eine schwere Verletzung, Gesundheitsstörung oder Berufsunfähigkeit in dem oben dargelegten Sinn darstellen können; man denke vor allem an eine Schädeltrepanation, Laparotomie oder Malariakur. Daß bei Amputationen auch die Tatbestandsmerkmale des § 156 StG. — Verlust eines Auges oder einer Hand, auffallende Verstümmelung und Verunstaltung usw. — gegeben sein können, liegt auf der Hand.

Wenn Löffler in diesem Zusammenhange bemerkt, man dürfe nicht von der zufälligen Fassung der gesetzlichen Bestimmung über die Körperverletzung ausgehen, da eine Handlung, welche die gleichen Zwecke wie die Norm verfolge, mit dieser vielleicht den Worten, aber nicht dem Sinn nach in Widerspruch treten könne[28]), entfernt er sich von der Tatsachenfeststellung und kommt auf das Gebiet der Rechtswidrigkeit.

Was die Bestimmungen des § 411 StG. betrifft, so zeigt schon die bezifferte Verweisung auf § 152 StG., daß mutatis mutandis kein grundsätzlicher Unterschied bestehen kann, es kommt hier nur noch ausdrücklich das Erfordernis der sichtbaren Merkmale und Folgen hinzu. Aus dem Wortlaut dieser Gesetzesnorm geht auch hervor, daß es ärztliche Maßnahmen gibt, welche die objektive Tatseite keines gesetzlichen Delikttypus erfüllen, eben jene, die nur geringfügiger Natur sind und ohne objektiv nachweisbare

---

[27]) B a y e r S. 465.
[28]) L ö f f l e r S. 247.

Merkmale und Folgen einhergehen. Andererseits fällt hierüber die
Meinung F i n g e r s, daß ebenso wenig wie ein Schneider, der
beim Anfertigen eines neuen Anzuges den Stoff zerschneidet, damit eine Sachbeschädigung begeht, auch bei der Heilbehandlung
der Gesamtzustand des Patienten vor- und nachher zu würdigen
ist[29]). Denn eine solche Wertung des Gesamtzustandes ist nicht
durchführbar, wenn der Gesetzgeber auf äußerlich wahrnehmbare
Tatsachen abstellt.

Aus den vorgenommenen Überlegungen und Feststellungen
darf die Berechtigung für die Annahme abgeleitet werden, daß
eine Heilbehandlung, wenn die entsprechenden Voraussetzungen
vorliegen — z. B. sichtbare Merkmale und Folgen — die objektive
Tatseite einer Körperverletzung verwirklicht; dies um so mehr, als
selbst erfahrene ärztliche Sachverständige erklären, daß ein chirur-
gischer Eingriff de facto und im buchstäblichen Sinne eine solche sei[30]).

Konnten wir uns bei der Beantwortung der Frage, ob die Heilbehandlung die objektive Tatseite einer Körperverletzung verwirklicht, auf den Wortlaut des Gesetzes stützen, so versagt dieses
Auskunftsmittel, wenn wir eine expressis verbis festgelegte Rechtfertigung der ärztlichen Tätigkeit suchen. Daß die kunstgerechte
Heilbehandlung nicht inkriminiert ist, geht argumento e contrario
jedenfalls schon aus den Strafbestimmungen über die Kunstfehler
und Nachlässigkeiten von Ärzten hervor; lediglich der Rechtfertigungsgrund und die sich hieraus ergebenden Konsequenzen bleiben unklar. Dies aber ist nicht eine Lücke, die allein unser Gesetzbuch aufzuweisen hat, sondern auch die Gesetze der meisten anderen Staaten schweigen zu diesem Punkte genau so wie die Gesetzgeber der Vergangenheit[31]). Auch das sagt natürlich nicht,

---

[29]) F i n g e r S. 620.

[30]) W ö l f l e r - D o b e r a u e r S. 619.

[31]) Es fehlte allerdings nicht an Bestrebungen, diesbezüglich durch aus-
drückliche Gesetzesbestimmungen Klarheit zu schaffen. Einen der ersten Ansätze hiezu stellte der Entwurf zu einem englischen Criminal Code aus dem
Jahre 1878 dar: „Everyone is protected from criminal responsibility for performing with reasonable care and skill any surgical operation upon any person
for his benefit: Provided that performing the operation was reasonable, having
regard to the patients state at the time and to all the circumstances of the
case." Weiteres siehe bei H e i m b e r g e r 2, S. 29. Nach den Entwürfen
aus dem Jahre 1925 (§ 328) und 1927 (§ 263) liegt eine Körperverletzung
dann nicht vor, wenn der Eingriff und die Behandlung der Übung eines gewissenhaften Arztes entsprechen. Vgl. dazu die Begründung des österr. Strafgesetzentwurfes 1927 sowie T ü r k e l S. 4, F o l t i n S. VI, R i e d e l S. 176,
B a l s e r S. 1474 ff.

daß beim Fehlen einer ausdrücklichen gesetzlichen Regel die ein=
wandfreie Ausübung der Heilkunde durch das Kriminalrecht be=
hindert worden wäre. Schon früher war natürlich auch nur die
f e h l e r h a f t e Heilbehandlung mit ihren schädlichen Folgen in=
kriminiert, wie etwa im Art. 134 der Constitutio Criminalis Ca=
rolina, der eine Bestrafung forderte „so eyn artzt aus unfleiss
oder unkunst unnd doch unfürsetzlich jemandt mit seiner artzenei
tödtet, erfündt sich dann durch die gelerten und verstendigen der
artzenei, dass er die artzenei leichtfertiglich und verwegenlich
missbraucht oder sich ungegründeter unzulessiger artzenei, die jm
nit geziembt hat, understanden und damit ejnem zum todt ursach
geben"[32]).

Für unsere Frage nach dem Rechtfertigungsgrund des ärzt=
lichen Handelns ist auch nichts aus den Lehren der italienischen
Praktiker oder aus der gemeinrechtlichen Literatur zu entneh=
men[33]). Lediglich in der letzteren findet sich bei Ernst Christian
W e s t p h a l der Gedanke, eine Handlung, die entsprechend einer
auferlegten Pflicht ausgeübt werde, könne nicht als Verbrechen
bezeichnet werden, da ja dessen Merkmal in einem „unrechtmäßi=
gen Tun" begründet sei. Wer von einer ihm zustehenden Befugnis
in gebührender Weise Gebrauch mache, begehe kein Verbrechen.

W e s t p h a l kann damit als Vorläufer jener Gruppe von
Autoren angesehen werden, welche die Rechtfertigung des ärzt=
lichen Handelns in einem Berufsrecht erblicken. M e r k e l führt
hiezu aus, die staatliche Normierung bestimmter Berufe schließe
die Billigung der zu ihrem ordnungsmäßigen Betrieb gehörigen
Handlungen in sich, sofern bei diesen die erforderliche Aufmerk=
samkeit angewendet werde; Handlungen solcher Art könnten da=
her nicht als Delikte angesehen werden[34]). Diese Formulierung ist
der wesentlichste Leitsatz für die Verfechtung eines Berufsrechtes,
das besonders um die Jahrhundertwende zahlreiche Anhänger ge=
wann[35]).

---

[32]) Hierzu kommentierte R e m u s (1594), abgedruckt bei S c h m i d t
S. 41: „His subiungemus conveniente reium serie medicos, qui quod negligen=
tius in cura versati sunt aut non satis eruditi in arte sua medicando occiderint.
Quorum quem si Medicinae peritissimi viri, archiatri, qui in collegio sunt,
desultorie et non sine periculo, ad fortunae velut aleam, medicinam fecisse,
cave propinasse pharmaca aegrotis aut secuisse cum minime oportuerit atque
hinc morti ansam praebuisse pronunciarint: incivile hoc medici factum pro
damni dati ratione iudices punient prudentumque consilium exposcent."
[33]) Näheres bei H e i m b e r g e r 2, S. 16 ff.
[34]) M e r k e l S. 158 f.
[35]) B i n d i n g 1, S. 801 ff., F i n g e r S. 624, weitere Nachweise bei
H e i m b e r g e r 2, S. 21 f., sowie bei R e u t e r 1, S. 17.

Dagegen wurde vorgebracht, die Annahme eines ärztlichen Berufsrechtes setze voraus, daß der Staat die Ausübung der ärztlichen Tätigkeit schütze, was aber nicht in allen Ländern der Fall ist, auch bestünde die Gefahr, daß aus dem ärztlichen Behandlungsrecht eine Pflicht des Patienten, diese Behandlung über sich ergehen zu lassen, gefolgert werden könnte. Außerdem vermöge diese Theorie nicht anzugeben, welche Körperverletzungen im Rahmen des ärztlichen Berufes gesetzt werden dürften[36]). Besonders der letzte Einwand scheint mit Rücksicht auf das ärztliche Experiment von Bedeutung. Denn wenn B i n d i n g auch gefährliche Experimente, welche für den Fortschritt der Wissenschaft und ihre Lehre nicht entbehrt werden können, unter das Berufsrecht miteinbezogen wissen will[37]), wird dadurch jeder Rahmen, auf den immerhin auch die ärztliche Tätigkeit beschränkt bleiben muß, gesprengt. Dies nimmt auch bei einem so allumfassenden Begriff, wie ihn das Berufsrecht darstellt, nicht wunder, da aus diesem Begriff allein eine auch nur vage Abgrenzung nicht vorzunehmen ist. L ö f f l e r weist also nicht mit Unrecht darauf hin, daß die Annahme eines ärztlichen Berufsrechtes lebhaft an den sicher nicht ernst gemeinten Promotionsakt Molières erinnert, in welchem dem Arzt die Macht zuerkannt wird „medicandi, purgandi, seignandi, percandi, taillandi, coupandi et occidendi impune per totam terram"[38]).

Die Konstruktion eines ärztlichen Berufsrechtes versagt insbesondere dort, wo die formellen Voraussetzungen für die Ausübung der ärztlichen Tätigkeit nicht gegeben sind. Der Staat könnte ja offenbar nur jenen Personen ein Berufsrecht zubilligen, denen er die Approbation als Arzt zuerkannt hat. Was hätte nun zu gelten, wenn ein ausländischer Chirurg in Wien als Gast ohne Nostrifizierung seines Doktordiploms eine Operation ausführt, und soll etwa ein Spitalgehilfe, der, ohne die Approbation als Arzt zu besitzen, eine gefährliche Operation ohne Kunstfehler durchführt, wegen schwerer Körperverletzung bestraft werden[39])?

Als weiterer Rechtfertigungsgrund für das ärztliche Handeln wurde vor allem die Einwilligung des Patienten ins Treffen geführt[40]). Diese Auffassung hat sich auch das Reichsgericht zu

---

[36]) F o l t i n S. VI, H e i m b e r g e r 2, S. 22, S t o o ß S. 94, R e u t e r 2, S. 27, S c h m i d t S. 8.

[37]) B i n d i n g 1, S. 791 f.

[38]) L ö f f l e r S. 245.

[39]) Siehe auch den bei W o l f f 1, S. 266 angeführten Fall.

[40]) B r ü c k m a n n S. 704, vgl. die Angaben bei S t o o ß S. 94.

eigen gemacht. Wie Heimberger treffend dazu bemerkt, kann mit ihr, so unrichtig sie auch ist, in der Regel das Auslangen gefunden werden. Daß die Rechtfertigung des ärztlichen Handelns tatsächlich nicht auf die Einwilligung des Kranken zurückgeführt werden kann[41]), ergibt sich schon aus einem Hinweis auf § 4 StG.; überhaupt ist die Einwilligung der verletzten Person ein sehr umstrittenes Problem, auf das noch später einzugehen sein wird[42]). Wenn man daher einen Eingriff deshalb für gerechtfertigt ansieht, weil die Zustimmung des Kranken vorliegt, bedeutet das im Grunde nichts anderes, als sich von einem auf einen anderen unsicheren Boden zu begeben.

Auf den ersten Blick könnte allerdings aus der Bestimmung des § 499 a StG. argumento e contrario der Schluß gezogen werden, daß beim Vorliegen der Einwilligung des Patienten eine Strafbarkeit des Arztes nicht gegeben ist, die Zustimmung also den Rechtfertigungsgrund für die durch die Behandlung gesetzte Körperverletzung darstellt. Diese Auffassung ist aber nicht richtig. Die Zustimmung stellt wohl einen Rechtfertigungsgrund dar, aber nicht quoad Körperverletzung, sondern hinsichtlich der Einschränkung der persönlichen Freiheit, die ja auch in einer Heilbehandlung gelegen sein kann. Daß das Schutzobjekt des § 499 a StG. nicht die körperliche Unversehrtheit, sondern die persönliche Freiheit der Disposition darstellt, geht einmal aus der Einreihung dieser Bestimmung in das System unseres Strafgesetzbuches, weiters aus der angedrohten Strafe hervor. Denn wenn tatsächlich die Rechtfertigung der Heilbehandlung hinsichtlich der durch sie gesetzten Körperverletzung in der Zustimmung der betreffenden Person gelegen wäre, läge bei Fehlen der Einwilligung eine strafbare Körperverletzung vor. Daß der Gesetzgeber eine unter Umständen sogar schwere Körperverletzung nur mit der im § 499 a StG. normierten Strafe belegt wissen wollte, kann ernsthaft nicht angenommen werden.

Ist es auch nicht möglich, die Zustimmung des Patienten als alleinigen Rechtfertigungsgrund für die in der Heilbehandlung vorkommenden Körperverletzungen anzusehen, so muß doch gefordert werden, daß eine solche Einwilligung vorliegt, damit nicht durch den Arzt eine Einschränkung der persönlichen Freiheit des

---

[41]) Dazu Nathan S. 37.
[42]) Siehe unten S. 56 ff.

Patienten begangen wird[43]). Denn der Grundsatz der persönlichen
Freiheit wird im Rahmen der Heilbehandlung nur in ganz wenigen
Fällen durchbrochen; ansonsten stellt es der Staat dem Kranken
anheim, ob er sich behandeln lassen will oder nicht, es darf daher
kein Eingriff ohne oder sogar gegen den Willen des Patienten vor=
genommen werden[44]).

So verlassen uns denn bei der Frage nach der Rechtfertigung
der Heilbehandlung alle aus dem Strafgesetz selbst abzuleitenden
Gründe und Hilfsmittel. Wenn wir nun weiter Ausschau halten
nach den Grundlagen der Gemeinschaft und der Rechtsordnung,
so stoßen wir auf jene Tendenzen des Staates, die von ihm zur
Erreichung seines Zweckes aufrecht erhalten werden müssen, wie
wir dies schon anfangs untersucht haben.

Der vom Staat zu vertretende Grundsatz der Lebenserhaltung
findet nicht nur in der Heilbehandlung, sondern auch in der Er=
bauung von Spitälern, Erhaltung von Lehrkanzeln für die medi=
zinischen Fächer, Anstellung von Ärzten usw. seinen sichtbaren
Ausdruck. Ist es auch nicht korrekt, die Berechtigung für eine
Heilbehandlung — wie es mitunter geschieht — aus der Tatsache,
daß der Staat Spitäler baut, abzuleiten, weil ja beides nicht in
einem kausalen Verhältnis zueinander steht, sondern Erscheinungs=
formen der gleichen zugrunde liegenden Tendenz sind, so stellt
doch die Unterhaltung von Heilanstalten usw. mit einen Beweis
für die Förderung der ärztlichen Tätigkeit durch den Staat und da=
mit für die Tatsache dar, daß Verletzungen im Rahmen der Heil=
behandlung durch den mit ihnen verfolgten Heilungszweck ge=
rechtfertigt sind. Der von L ö f f l e r aufgestellte Satz, der staat=
lich gebilligte Zweck decke nicht die zu seiner Erreichung not=
wendigen Mittel[45]), hat sicher auf manchen Gebieten — etwa bei
der Erforschung der Wahrheit im Strafverfahren — seine Berech=
tigung, kann jedoch nicht allgemeine Gültigkeit beanspruchen, da
es Fälle gibt, wie bei der Heilbehandlung, in denen zur Erreichung
des Zieles keine Alternative besteht[46]).

---

[43]) Vgl. dazu W i l h e l m S. 4 ff., R i t t l e r II, S. 59, B ü d i n g e r 1,
S. 7. Ist der Patient geistig nicht dispositionsfähig, tritt an die Stelle seiner
Einwilligung die seines gesetzlichen Vertreters oder seiner Verwandten;
siehe auch § 499a, Abs. 2, StG.

[44]) R e u t e r 1, S. 18, W ö l f l e r = D o b e r a u e r S. 623, R i t t l e r I,
S. 104, M a l a n i u k I, S. 135. Auf Ausnahmefälle weist § 499a, Abs. 2, StG.
hin.

[45]) L ö f f l e r S. 247.

[46]) Vgl. dazu W a c h i n g e r S. 485. Angemessenes Mittel zur Errei=
chung eines staatlich anerkannten Zweckes nicht rechtswidrig: „Zweck=
theorie".

Folgt man dieser Ansicht, so ist es nicht notwendig, auf das Gewohnheitsrecht zurückzugreifen oder ein Notrecht zu konstruieren und die ärztliche Tätigkeit als Notstandshandlung aufzufassen. Denn in welches von dem Erkrankten verschiedene Rechtsgut wird durch die Heilbehandlung eingegriffen? Außerdem wäre diese Annahme in Fällen präventiver Eingriffe, die zweifellos erlaubt sind, etwa wenn ein Arzt einem Forschungsreisenden prophylaktisch den Blinddarm entfernt[47]), schwer zu begründen.

Nicht jede Heilbehandlung ist freilich von dem Erfolg begleitet, um dessentwillen sie eingeleitet wurde. Viele Eingriffe mißlingen, weil der Organismus des Patienten schon zu schwach, die Lebenszeit eben schon abgelaufen ist, vielen bleibt der Erfolg versagt aus Gründen, gegen die auch heute die ärztliche Wissenschaft noch machtlos ist. Hinsichtlich der mißglückten Heilbehandlung wird nun teilweise die Ansicht vertreten, sie sei rechtswidrig, die Strafbarkeit würde jedoch — falls nicht besondere Umstände vorliegen — aus Gründen, welche auf der Schuldseite liegen, ausgeschlossen. Dieser Meinung liegt die Annahme zugrunde, die Rechtsordnung könne nicht eine Behandlung als ihr gemäß ansehen, die den Tod oder im Endergebnis genommen eine dauernde schwere Gesundheitsstörung zur Folge habe[48]).

Es scheint aber unangebracht, die Rechtmäßigkeit ärztlicher Handlungen nur auf den Erfolg abzustellen. Für diese Frage können nicht nachträgliche Folgen, sondern nur die Verhältnisse zur Zeit der Vornahme des Eingriffs maßgebend sein. Ist zu diesem Zeitpunkt der Eingriff zur Durchsetzung der Heilungstendenz notwendig gewesen und wurde er „lege artis", das heißt „sachgemäß nach dem gegenwärtigen Stande medizinischen Wissens und Könnens"[49]) durchgeführt, so ist er auch dann nicht rechtswidrig, wenn er mißglückt. Die andere Auffassung wird auch keineswegs der ärztlichen Stellung gerecht. Denn sieht man ein Verhalten als rechtswidrig an, so ist damit auch ein Unwerturteil hinsichtlich seiner Sozialschädlichkeit verbunden[50]). Warum soll der Arzt, der pflichtgemäß alles zur Rettung des Patienten unternommen hat, mit einem solchen Unwerturteil belastet werden, wenn jede menschliche Hilfe versagt, trotzdem er dem Kranken eine aufopfernde Behandlung zuteil werden ließ?

---

[47]) Hierüber T ü r k e l S. 4.
[48]) R i t t l e r I, S. 103, mit weiteren Literaturangaben; F o l t i n S. VI.
[49]) R i t t l e r I, S. 103.
[50]) Zum Begriff der Rechtswidrigkeit G r a ß b e r g e r 2, S. 82.

B. Bedeutung und Aufgaben der ärztlichen Ethik

Wir haben gesehen, daß das Gesetz zu der rechtlichen Grund=
lage jedes ärztlichen Handelns schweigt, und wenn wir weiter
Umschau halten, welche gesetzlichen Normen über die Heilbe=
handlung überhaupt bestehen, ist die Ausbeute eine sehr geringe.
Im wesentlichen werden wir auf Verwaltungsvorschriften stoßen,
von denen der größte Teil zur Hintanhaltung der Verbreitung an=
steckender Krankheiten erlassen wurde oder sanitätspolizeilichen
Zwecken dient. Was das Strafgesetzbuch im besonderen betrifft,
so normiert es an ärztlichen Standesdelikten einige wenige Tat=
bestände, die hauptsächlich Kunstfehler und grobe Nachlässig=
keiten von Ärzten unter Strafe stellen. Ansonsten bewegen sich
die Ärzte im gesetzesleeren Raum, der natürlich durch jene Nor=
men, die für alle Staatsbürger Geltung besitzen, begrenzt wird.

Wenn man weiß, mit welchem Eifer der Staat und seine Or=
gane jedes menschliche Verhalten, das auch nur im entferntesten
der Gesundheit oder gar dem Leben der Staatsbürger abträglich
sein könnte, durch eingehende Maßnahmen und Vorschriften zu
regeln versucht, so sind die Verhältnisse, die wir diesbezüglich
beim ärztlichen Berufsrecht vorfinden, ein Zeichen dafür, daß hier
ganz besondere Umstände vorliegen müssen. Das ärztliche Han=
deln hebt sich auch tatsächlich so sehr von allen übrigen mensch=
lichen Betätigungen ab, daß Bindungen, die für andere Berufsgrup=
pen ihre Berechtigung haben mögen, für die Ärzteschaft einfach
unmöglich wären[51]).

Man vergegenwärtige sich einmal eine Vorschrift, die in der
Art einer von der Behörde für gesundheitsgefährdende Gewerbe=
zweige erlassenen Betriebsordnung eine Regelung bestimmter me=
dizinischer Maßnahmen versuchen würde. Die spärlichen hiezu vor=
handenen Ansätze nehmen sich seltsam genug aus. So etwa, wenn
eine Verordnung bestimmt, daß bei medizinisch=diagnostischen Un=
tersuchungen der verantwortliche Arzt verpflichtet ist, „alle Reste
und Spuren der Untersuchungsobjekte, die Träger von Erregern über=
tragbarer Krankheiten sind, durch sachgemäße Entseuchung (Des=
infektion) unschädlich zu machen, sowie für die einwandfreie Be=
seitigung sonstiger Untersuchungsrückstände und Probenreste zu

---

[51]) Dies möge als reine Feststellung gewertet werden und nicht etwa als
Stoßseufzer eines Juristen, daß nicht auch das ärztliche Handeln in das
„Prokrustesbett“ der Paragraphen gespannt werden kann.

sorgen"[52]), als ob das alles nicht eine Selbstverständlichkeit wäre, die man einem Arzt nicht erst in Erinnerung bringen müßte.

Das ärztliche Handeln ist so vielseitig und individuell auf den einzelnen Fall abgestellt, daß es unmöglich ist, es auch nur in weiten Grenzen mit einer allgemein gültigen Norm ein für allemal zu regeln.

Das durch diese Tatsache bedingte weitgehende Fehlen gesetzlicher Normen für das ärztliche Handeln verweist den Arzt auf andere Wertmaßstäbe, nach denen er sein Verhalten ausrichten kann. Damit gewinnen für ihn ethische Leitsätze eine ganz besondere Bedeutung. Er muß nach diesen Leitsätzen handeln, auch wenn sie ihm nicht sein Verhalten unter Strafandrohungen gebieten. Denn dem Charakter seiner Stellung entspricht es, daß er sich nicht nur von der ultima ratio, die eine Strafe darstellt, zu einem pflichtgemäßen Handeln bestimmen läßt, sondern daß er nach den Grundsätzen der ärztlichen Ethik handelt ohne Rücksicht auf einen äußeren Zwang.

Die ärztliche Ethik fordert vom Arzt ein seinem Stande entsprechendes Verhalten nicht wegen der Folgen für ihn, sondern im Interesse seiner leidenden Mitmenschen, denen er Helfer und Retter sein soll[53]).

Bevor jedoch auf die Grundsätze der ärztlichen Ethik näher eingegangen wird, erscheint es notwendig, das Verhältnis der ärztlichen Ethik zur Rechtsordnung, und was in diesem Zusammenhang besonders interessiert, vor allem zu den Strafrechtsnormen festzustellen. Das Bedürfnis hiefür haben schon die Lehrer des Naturrechts empfunden, die das Recht nicht für sich allein untersuchten, sondern zwischen dem autonomen und heteronomen Bereich einen Zusammenhang herstellten[54]).

Die Kardinalfrage lautet nun, welche Bedeutung dem Bestehen ethischer Leitsätze für das Strafrecht zukommt, ob insbesondere solche Grundsätze unter staatlicher Strafsanktion stehen können, auch ohne daß ihnen eine idente Rechtsnorm gegenüber steht.

Bei dem im Art. IV des Kundmachungspatentes zum Ausdruck kommenden Standpunkt unseres Strafgesetzes fällt es nicht

---

[52]) § 4, Abs. 2, der Verordnung des Bundesministeriums für soziale Verwaltung vom 2. April 1948, BGBl. Nr. 63, betreffend die Regelung der Vornahme medizinisch-diagnostischer Untersuchungen.

[53]) Vgl. die Gegenüberstellung der Bestimmungsgründe menschlicher Handlungen bei K a n t „Die Metaphysik der Sitten", Gesamtausgabe Band VI, S. 214.

[54]) H o l d - F e r n e c k S. 37.

schwer, auf diese Frage — wenigstens soweit es sich um die Neu=
bildung von Tatbeständen handelt — eine eindeutige Antwort zu
geben.

Denn wird von der herrschenden Lehre nach dem Grundsatz
nullum crimen sine lege selbst dem Gewohnheitsrecht die Kraft
abgesprochen, ein menschliches Verhalten, das nicht einem im
Katalog unseres Strafgesetzbuches festgehaltenen Deliktstypus
entspricht, unter staatliche Strafsanktion zu stellen, so muß das
um so mehr von ethischen Leitsätzen gelten, die keineswegs als
Gewohnheitsrecht anzusehen sind. Es fehlt ihnen ja das Merk=
mal, daß sie in langzeitiger Übung in der Rechtsüberzeugung des
Volkes als Recht angewendet werden. Denn sie werden weder von
einem größeren Kreis außerhalb des Ärztestandes beachtet, noch
folgt der Ärztestand den ethischen Normen im Bewußtsein, daß
die danach ausgerichtete Handlungsweise dadurch allein schon
rechtliche Relevanz gewinnt. Wenn ein Arzt die Leitsätze der
ärztlichen Ethik befolgt, um nicht mit dem Gesetz in Konflikt zu
kommen, so tut er dies nicht, weil durch die ethische Norm eo
ipso staatliches Recht begründet wird, sondern weil ihr in bestimm=
ten Fällen eine idente staatliche Norm gegenübersteht, der er durch
das Einhalten seiner ethischen Pflicht Genüge leistet. Da aber —
wie bereits dargelegt — die Rechtsordnung nicht in Einzelheiten
dem Arzt das gebotene Verhalten vorschreiben kann, ist er zur
Ausfüllung der Grenzen, welche das staatliche Recht formt, auf die
Leitsätze der ärztlichen Ethik angewiesen.

Im Verhältnis zur Rechtsordnung kommt also der ärztlichen
Ethik nicht eine Bedeutung als rechtsetzender Faktor zu, sondern
sie hat hier ihre Aufgabe bei der Auslegung und Anwendung des
staatlichen Rechts zu erfüllen. Die Normen der ärztlichen Ethik
tragen deshalb auch nicht Rechtscharakter, ohne daß sie aber aus
diesem Grunde von der Rechtswissenschaft und Rechtsprechung
vernachlässigt werden dürften. Soll entschieden werden, ob in
einem konkreten Falle die Handlungsweise des Arztes rechtmäßig
war, so wird nur in den seltensten Fällen auf Grund der Normen
der Rechtsordnung allein Klarheit geschaffen werden können, da=
zu sind sie zu abstrakt gefaßt. Erst eine Berücksichtigung der
Leitsätze der ärztlichen Ethik als Wertvorstellungen, die von einer
bestimmten Menschengruppe als maßgebend anerkannt werden[55],
wird das Verhalten eines Arztes in das notwendige klare Licht
stellen; in Strafgesetzentwürfen wird sogar ausdrücklich auf die

---

[55]) Dazu W a c h i n g e r S. 508.

Übung eines gewissenhaften Arztes und damit auch auf die ärzt=
liche Ethik Bezug genommen[56]).

Die großen Lehrer der Ethik vom Altertum bis in unsere
Tage herauf beschäftigen sich kaum ausdrücklich mit den Pro=
blemen des Arzttums[57]). Aus ihren Lehren wird der Arzt nur ent=
sprechend ihrer Einstellung zu den Problemen wahrer Menschlich=
keit auch für ihn Gültiges entnehmen können. Wenn Mitleid ge=
genüber dem kranken Menschen, das Hinabbeugen zu den Opfern
der Grausamkeit des biologischen Gesetzes den Ursprung alles
ärztlichen Handelns darstellt, so kann der Arzt nur einer Ethik
folgen, welche eine solche Grundeinstellung zur Maxime sittlichen
Verhaltens erhebt. Es muß für ihn unmöglich sein, eine Lehre wie
etwa die Nietzsches anzuerkennen, die das Ideal im Über=
menschen sieht, der das Schwache und Leidende mit Füßen tritt,
und welche gerade das Mitleid verurteilt, weil es das erhält, was
zum Untergang reif ist. Wohin es führt, wenn einzelne Ärzte in
Verkennung ihrer Berufung meinen, einer solchen Auffassung an=
hängen zu können, haben die Ereignisse der jüngsten Vergangen=
heit in erschreckender Deutlichkeit gezeigt[58]).

Da aber nicht jeder Arzt in der Lage ist, aus einem freien
autonomen Erkennen heraus den Grundsätzen wahren Arzttums
zu folgen und so der Idealgestalt des Helfers der leidenden Mit=
menschen nahe zu kommen, wurden schon im Altertum die we=
sentlichen Verpflichtungen der Ärzteschaft schriftlich niedergelegt.
Diese Aufzeichnungen haben die Jahrtausende überdauert und bis
heute ihre Gültigkeit bewahrt.

So hat sich nach der aus dem altindischen Kulturkreis über=
lieferten Susruta der Arzt mit ganzer Seele um die Heilung der
Kranken zu bemühen; er darf dem Kranken kein Leid zufügen,
selbst wenn sein eigenes Leben auf dem Spiele steht. Am Kran=
kenbett hat er nur auf die Behandlung des Kranken bedacht zu
sein und auf alles, was mit dessen Lage zusammenhängt. Schon
bei der Angelobung mußte der junge Arzt versprechen, der Liebe
und dem Haß, dem Neid und dem Zorn, der Trägheit, der Lust
und der Habsucht zu entsagen und allen, die Hilfe bei ihm suchen,
mit gleicher Hingabe entgegenzukommen wie seinen Eltern.

---

[56]) Vgl. die Begründung zu § 263 des Strafgesetzentwurfes 1927; siehe
unten S. 44.

[57]) Nähere Ausführungen bei Breitner S. 16 ff., und Nieder=
meyer S. 6.

[58]) Hierüber Büchner S. 7.

Den Kern jeder ärztlichen Ethik bilden die lapidaren Sätze des Hippokratischen Eides, die von Legionen von Ärzten bei ihrem Eintritt in das Berufsleben gesprochen wurden[59]): „… Ich werde die Lebensweise anordnen zum Nutzen der Kranken nach bestem Vermögen und Urteil, aber alles, was zur Schädigung oder Verletzung der Kranken führt, von ihnen fernhalten … Heilig und rein werde ich mein Leben und meine Kunst bewahren. In wieviele Häuser ich eintreten werde, immer will ich eintreten zum Heile der Kranken und fernbleiben von jeder vorsätzlichen und verderblichen Schädigung …“

. Ein Durchdenken dieser wenigen Sätze zeigt schon, daß sie gehaltvoller sind als kasuistische Codices und lange Abhandlungen, weil sie den Arzt in nicht mißzuverstehender Weise auf seine Pflichten hinweisen.

Die im Eid des Hippokrates enthaltenen Grundgedanken hat auch der im 12. Jahrhundert lebende Arzt Maimonides in seinem „Morgengebet eines jüdischen Arztes“ der Nachwelt überliefert[60]): „Laß meinen Geist immerdar er selbst sein; am Bett des Leidenden müssen nicht fremde Gedanken ihm seine Acht rauben. Laß alles, was Erfahrung und Nachdenken in ihm niederzeichnet, ihm gegenwärtig sein und nichts ihn in seiner stillen Arbeit hindern, deiner Geschöpfe Leben und Gesundheit zu erhalten. Laß im Leidenden mich stets nur den Menschen sehen. … Allgütiger, du hast mich erkoren, über Leben und Tod deiner Geschöpfe zu wachen. Ich schicke mich nun an zu meinem Beruf. Steh' mir bei in dieser großen Aufgabe, daß sie gelinge. Denn ohne deinen Beistand frommt dem Menschen auch das Kleinste nicht.“

Der altehrwürdige Brauch, dem jungen Mediziner an der Schwelle seines Eintrittes in das Berufsleben ein Gelöbnis abzuverlangen, das ein Bekenntnis zu den Urgründen allen ärztlichen Handelns enthält und gleichzeitig dem neuen Arzt die Würde und Verpflichtung seines Standes deutlich ins Bewußtsein ruft, lebt fort in der Sponsion, welche an unseren Universitäten der Promotor vorspricht: „ … fides est danda, vos tales semper futuros quales vos esse iubebit dignitas, quam obtinebitis, et nos speramus vos fore. Spondebitis igitur … honorem eum, quem in vos conlaturus sum, integrum incolumemque servaturos neque umquam pravis moribus aut vitae infamia commaculaturos; doctrinam, qua vos nunc polletis cum industria vestra culturos tum omnibus in-

---

⁵⁹) Angeführt bei R a m m S. 7.
⁶⁰) Abgedruckt bei B r e i t n e r S. 167.

crementis, quae progrediente tempore haec ars ceperit, aucturos, usum et facultatem vestram ad salutem et prosperitatem hominum studiose conversuros, denique cunctis officiis, quae probum medi= cum decent, ea qua par est humanitate erga quemcumque functu= ros esse . . ."

C. Zusammenfassung der Ergebnisse des Überblicks über die Grundlagen des ärztlichen Handelns

Fassen wir nun die Ergebnisse des Überblicks über die Grund= lagen des ärztlichen Handelns zusammen, so sehen wir, daß das tragende Fundament für die ärztliche Tätigkeit in der Aufgabe des Staates, Leben zu erhalten, gelegen ist. Wird der Arzt im Sinne dieser Heilungstendenz tätig, um Leben zu erhalten oder zu fördern, so ist seine Maßnahme gerechtfertigt, sofern das hiefür etwa noch zusätzlich Erforderliche — z. B. die Einwilligung des Patienten — gegeben ist. Die Rechtfertigung bezieht sich dabei nicht nur auf den Behandlungsakt im engeren Sinne, sondern auch auf alle anderen Handlungen, die für die eigentliche Heilbehand= lung erforderlich sind, also insbesondere auch auf diagnostische Maßnahmen. Es könnten wohl Zweifel aufkommen, ob Eingriffe zum Zwecke der Diagnosestellung überhaupt in den Kreis der Heilbehandlung einzubeziehen sind, da sie ja nicht unmittelbar Heilzwecken dienen, sondern erst die Grundlage für das weitere ärztliche Handeln abgeben sollen.

Es liegt aber weitgehende Übereinstimmung vor, daß auch Maßnahmen, die lege artis zur Stellung der Diagnose vorgenom= men werden — z. B. Probepunktionen und Probeexzisionen — der gleichen Beurteilung wie die Heilbehandlung zu unterwerfen[61]) und nicht etwa nach anderen Grundsätzen zu behandeln sind. Diagnostische Maßnahmen bilden mit der Heilbehandlung eine Einheit, da sie doch eine Voraussetzung für die Anwendung der Therapie im engeren Sinne darstellen und überhaupt einen Teil der Heilbehandlung verkörpern, denn ohne Diagnosestellung ist ein zweckmäßiges Einsetzen der eigentlichen Heilmaßnahmen nicht möglich.

Vereinzelt wird die Meinung vertreten, ein Eingriff zum Zwecke der Diagnose falle nur dann unter den Begriff der Heil= behandlung, wenn eine solche auch tatsächlich im Anschluß an

---

[61]) T ü r k e l S. 4.

die diagnostische Maßnahme vorgenommen werde[62]). Nun ereignet es sich nicht selten, daß auf den diagnostischen Eingriff gar
keine Behandlung folgt — sei es, daß eine weitere Maßnahme auf
Grund der Feststellungen der Diagnose nicht für notwendig erachtet wird oder der Patient seine Zustimmung zu einer Operation
nicht erteilt. Würde der diagnostische Eingriff nur dann unter den
Begriff der Heilbehandlung subsumiert werden, wenn eine Therapie tatsächlich nachfolgt, fiele es schwer, in den oben angeführten
Fällen eine befriedigende Einordnung dieses Eingriffes zu finden.
Man kann aber dabei verbleiben, die ärztliche Tätigkeit zum
Zwecke der Diagnose, sofern sie lege artis erfolgt, auf jeden Fall
unter den Begriff der Heilbehandlung einzubeziehen, denn alles,
was über die Beurteilung der Heilbehandlung im engeren Sinne
bereits gesagt wurde, gilt zweifellos auch für die Diagnose.

Auf der Grundlage der Heilungstendenz des Staates, die den
Arzt vor der Rechtsordnung bestehen läßt, aufbauend, hat er sein
Handeln nach den Richtlinien der ärztlichen Ethik einzurichten.
Rechtsordnung und ärztliche Ethik haben das gleiche Ziel der Förderung menschlichen Lebens; sie ergänzen einander, weil erst die
Ethik den abstrakten Rechtsnormen Leben verleiht. Allein das
ethisch vertretbare Handeln, das aus innerster Überzeugung gesetzt wird, vermag den vom Gesetzgeber geschaffenen Rahmen
mit dem Geist zu erfüllen, der für eine nutzbringende Therapie
notwendig ist. Denn nicht der starre, mit Strafsanktionen ausge-
stattete Befehl der Rechtsnorm, sondern die Einsicht in die Größe
der Aufgabe und die hieraus erfließende Einstellung zu den Forderungen des wahren Arzttums vermögen die Heilbehandlung
tatsächlich zu einem Akt des Heils für die Kranken zu machen.

Ist also für die Beurteilung eines menschlichen Verhaltens vom
Standpunkt der Rechtsordnung aus das ausschlaggebende Merkmal einer Heilbehandlung das lege artis auf den Heilungszweck
abgestellte Tätigwerden[63]), so gebietet parallel dazu auch die
ärztliche Ethik dem Arzt — losgelöst von einer staatlichen Strafsanktion — eine Ausrichtung seines Handelns auf die Wiederherstellung des Patienten bzw. auf dessen Gesunderhaltung[64]).

Der Begriff des Heilungszweckes darf dabei allerdings nicht
zu enge verstanden werden. Es fallen darunter nicht nur die bloße
Wiederherstellung und Förderung der Gesundheit, sondern auch
die Beseitigung von Schmerzen, die Behebung entstellender kör-

---

[62]) F o l t i n S. V.
[63]) Siehe oben S. 21.
[64]) Vgl. dazu B ü d i n g e r 1, S. 9.

perlicher Mängel sowie die Verhütung künftiger Krankheiten, denn für alle diese Fälle gilt das Gleiche, was oben für die Folgerungen aus der Lebenserhaltungstendenz des Staates ausgeführt wurde. Ist es auch die dringendste Aufgabe des Arztes, Leben zu erhalten und Krankheiten zu heilen, so ist hiefür etwa bei unheilbaren Patienten keine Möglichkeit gegeben und die einzige Therapie liegt dann in der Linderung der Schmerzen.

Freilich werden an den Arzt auch Aufgaben herangetragen, die nicht einem unmittelbaren Heilungszweck — auch nicht im weiteren Sinne — dienen. So, wenn er als Sachverständiger, Begutachter in der Sozialversicherung oder Wissenschaftler tätig wird. Solche Fälle sind streng von der Heilbehandlung zu trennen; selbstverständlich können auf sie auch nicht die für Heilmaßnahmen entwickelten Grundsätze angewendet werden. Die rechtlichen Grundlagen hiefür sind vielmehr teils in Gesetzen — Prozeßordnungen und Sozialgesetzgebung — niedergelegt, teils — wie bei der wissenschaftlichen Tätigkeit, insbesondere bei den Experimenten — ist überhaupt noch keine hinlängliche Klarstellung erfolgt.

II. Das Experiment am lebenden Menschen

A. Der Begriff des Experiments

1. Bedeutung und Umfang des Begriffs

Schon eingangs wurde auf die Notwendigkeit einer eindeuti=
gen Bestimmung und Abgrenzung des Begriffes Experiment hin=
gewiesen. Denn im Widerstreit der Meinungen ist es unerläßlich,
wenigstens den Gegenstand der Untersuchung klar zu umreißen,
da andernfalls ein Verstehen von vornherein unmöglich gemacht
wird.

Verfolgen wir zunächst die etymologische Ableitung des Wor=
tes, so stoßen wir auf das lateinische experire und das griechische
πειρᾶσθαι, welchen beiden die Bedeutung von Versuchen und Er=
fahrungssammeln zukommt. Im gleichen Sinne wird der Ausdruck
Experiment auch heute bei uns gebraucht. Allerdings werden die
Begriffe Experiment bzw. Versuch in der Umgangssprache für
verschiedene an sich nicht wesensgleiche Vorgänge verwendet, da
hier ja keine Notwendigkeit für eine strenge Unterscheidung be=
steht.

So kann A versuchen, B telephonisch zu erreichen, er
„versucht“ es deshalb, weil er nicht weiß, ob die Leitung frei ist;
er kann weiters versuchen, eine neue Obstsorte mit bestimm=
ten Qualitäten zu züchten, ob dies überhaupt möglich ist, steht
dahin; schließlich versucht er eine neue Zigarettensorte, um
ihren Geschmack kennen zu lernen. Das Verbum „versuchen“
findet hier dreimal Verwendung und doch ist die Bedeutung nicht
immer genau die gleiche.

Im ersten Beispiel weiß A, daß er eine Verbindung mit B er=
reichen wird, die Frage ist nur, ob das sofort geschehen kann, im
zweiten Fall ist der Erfolg überhaupt fraglich, während der Ver=
such der Zigarette einzig zur Sammlung von Erfahrungen ohne die
Absicht der Erreichung eines bestimmten Erfolges in der Außen=

welt vorgenommen wird. Dabei wird in der Umgangssprache wohl insofern eine Unterscheidung gemacht als das Wort Experiment nur für das zweite Beispiel Anwendung finden könnte.

Im biologisch=wissenschaftlichen Sinne sehen wir im Experiment eine planmäßig vorgenommene Handlung, welche der empirischen Bestätigung theoretischer Überlegungen oder der Auffindung von Naturgesetzen, von denen wir keine Kenntnis haben, dienen soll[65]). Man kann also das Experiment als Frage an die Natur bezeichnen, als einen Vorgang, durch den sich ein Mensch, wenn er durch Überlegungen allein das Auslangen nicht zu finden vermag, an die Natur um die Bestätigung einer bestimmten Tatsache wendet.

Wie jedoch im allgemeinen Sprachgebrauch die Anwendung des Wortes Versuch keine absolute Klarheit schafft, was letzten Endes damit gemeint wird, ob im konkreten Fall eine Veränderung in der Außenwelt oder nur das Sammeln von Erfahrungen mit dem entsprechenden Verhalten beabsichtigt ist, so kann auch allein aus der oben gegebenen Bestimmung des Begriffes Experiment oder des synonymen Begriffes Versuch im biologisch=wissenschaftlichen Sinne noch keine eindeutige Abgrenzung gegenüber Handlungen, welche unter andere Begriffe fallen, entnommen werden. Denn je nach der bezogenen Ausgangsstellung besteht die Möglichkeit für eine verschiedene Auslegung.

In einem ganz weiten Sinne könnte jedes menschliche Verhalten als Experiment gewertet werden, da mit Rücksicht auf unsere beschränkte Einsicht in den möglichen Kausalverlauf vom streng erkenntnistheoretischen Standpunkt aus niemand im vorhinein zu sagen vermag, was der Erfolg seines Handelns sein wird. Indes ziehen hier schon Erfahrung und Sprachgebrauch entsprechende Grenzen.

Kein Wissenschaftler wird etwa die im Rahmen einer größeren Laboratoriumsarbeit vorgenommene Probe mit Lakmuspapier als Experiment bezeichnen. Gewiß, er weiß im erkenntniskritischen Sinne nicht genau, was der Erfolg seines Verhaltens sein wird, ob eine Verfärbung auftritt oder ob nicht vielleicht eine Verwechslung vorgenommen wurde. Entsprechend seiner Erfahrung ist ihm aber bekannt, welche Reaktion voraussichtlich eintreten wird, und er kann, wenn er Lakmuspapier in eine Säure taucht, mit einer praktisch der Gewißheit gleichzusetzenden Vor=

---

[65]) Cl. B e r n a r d bezeichnet in seiner „Introduction à l'étude de la médicine expérimentale" das Experiment als „observation provoquée"; zitiert nach F i s c h e r S. 119.

aussage das Ergebnis festlegen. Er würde nur dann von einem Experiment sprechen, wenn seine Tätigkeit überhaupt darauf abgestellt wäre, ein neues Reagens zu finden, oder wenn er die ihm bereits bekannte Probe Studenten, welche die Reaktion noch nicht praktisch beobachten konnten, demonstrieren sollte. Denn die Bedeutung der empirischen Bestätigung in der oben aufgestellten Definition des Experiments im biologisch‑wissenschaftlichen Sinne liegt nicht darin, daß diese Bestätigung bei jeder längst gewohnten und oft geübten Handlung auftritt, sondern von einer empirischen Bestätigung im richtig aufgefaßten Sinne kann nur dort gesprochen werden, wo die Veränderung in der Außenwelt vorerst nur theoretisch überlegt wurde und diese Überlegung durch das Experiment ihre Bestätigung erfahren soll. Für die Bezeichnung eines Vorganges als Experiment im wissenschaftlichen Sinne ist eben auch das Moment des Erfahrungssammelns bestimmend, das nur dort gegeben ist, wo nicht die Ergebnisse von vornherein festliegen und bekannt sind.

Richten wir unser Augenmerk nun auf die Experimente am lebenden Menschen, so sehen wir auch in diesem besonderen Falle von manchen Autoren eine zu weite Auslegung des Begriffes Experiment gegeben und so Vorgänge als Experimente bezeichnet, die in eine ganz andere Kategorie gehören.

Ausgehend von der Überlegung, daß bei einer Heilbehandlung jeweils

   1. die Kenntnis der Krankheit,

   2. die Medikamente bzw. Eingriffe,

   3. die Widerstandskraft des erkrankten Organismus und schließlich

   4. die Erfahrung und Übung des Arztes

den Heilerfolg bestimmen und von diesen vier Komponenten kaum ein Teil, geschweige denn alle am Beginn der Behandlung mit absoluter Sicherheit abgeschätzt werden können, wird so mitunter jedes ärztliche Handeln als Experiment bezeichnet[66]).

Dieser Auffassung kann wohl nicht zugestimmt werden, denn mag auch eine Bestimmung der entsprechenden Komponenten vom Standpunkt einer streng erkenntnistheoretischen Wertung im vorhinein unmöglich sein, mit Hilfe der von Praxis und Theorie ge‑

---

[66]) B ü d i n g e r 1, S. 69, P l e s c h S. 64: „ . . . the truth is that almost every operative interference is by way of being an experiment, no matter how many times the same thing, or apparently the same thing, has been done before."

sammelten Erfahrungen und Kenntnisse ist es dem Arzt immerhin
möglich, die erforderlichen Feststellungen zu treffen, um eine Behandlung mit Aussicht auf Erfolg einleiten zu können. Es ist eben
nicht möglich, nur von einem streng erkenntniskritischen Standpunkt aus vorzugehen; es müssen vielmehr auch die praktischen
Verhältnisse gebührende Berücksichtigung finden und da ist es
weder mit dem allgemeinen Sprachgebrauch noch mit der Auffassung der Ärzteschaft und weiter Kreise der Öffentlichkeit vereinbar, in jeder Heilbehandlung ein Experiment zu erblicken, nur
weil die Voraussetzungen und damit die Folgen nicht in allen
Einzelheiten von vornherein bestimmbar sind.

Mag auch jede einzelne Heilbehandlung die Erfahrung der
medizinischen Wissenschaft und des behandelnden Arztes ver-
mehren, so tritt dieser wissenschaftliche Zweck gegenüber der in
erster Linie zu beachtenden Heilungstendenz, welche allein für die
rechtliche Beurteilung ausschlaggebend ist, in den Hintergrund.

Wie bereits festgestellt wurde, liegt das Wesen der Heilbehandlung in einem dem jeweiligen Stande medizinischen Wissens
und Könnens entsprechenden Handeln[67]). Die Behandlung muß
also lege artis durchgeführt werden. Dabei wird der Begriff der
lex artis im doppelten Sinne gebraucht. Einmal umfaßt er die anerkannten Heilmethoden, dann aber im Rahmen dieser auch die
einwandfreie und von keinem Kunstfehler behaftete Durchführung
des Eingriffes.

Bei der Suche nach neuen Behandlungsmethoden ergibt sich
nun die Frage, ob die erstmalige Anwendung solch einer neuen
Heilmaßnahme am lebenden Menschen auch als Heilbehandlung
im oben angeführten Sinne oder als Experiment zu werten ist.

Diese Frage hat insofern große praktische Bedeutung als die
Erkenntnisse und Methoden der medizinischen Wissenschaft nicht
etwas ein für allemal Gegebenes darstellen. Mag es im Mittelalter
noch üblich gewesen sein, daß die Ärzte an der aus der Antike
herüberreichenden Tradition festgehalten und eigenes Forschen
nur in beschränktem Maße für nötig erachtet haben, heute ist
die Medizin von einem machtvollen dynamischen Zug erfüllt; die
ärztliche Kunst strebt nach Vervollkommnung, auf allen Gebieten
werden neue Heilmittel und Heilmethoden gesucht.

Es gab allerdings auch eine Zeit, in welcher den Ärzten die
Anwendung neuer Behandlungsmethoden gesetzlich untersagt war.
So berichtet Diodorus Siculus, daß die ägyptischen Ärzte ihre

---

[67]) Siehe oben S. 21.

Heilmaßnahmen nach einem von vielen berühmten Ärzten zusam=
mengestellten Gesetz vollzogen. Beim Befolgen der Bestimmungen
dieses Gesetzes blieben sie, auch wenn der Kranke nicht gerettet
werden konnte, von Strafe frei. Handelten sie aber gegen die Vor=
schriften, so drohte ihnen die Todesstrafe, denn der Gesetzgeber
vertrat die Ansicht, daß nur wenige klüger sein könnten als die
alten Meister, welche die Heilmaßnahmen zusammengestellt hat=
ten[68]).

2. Abgrenzung des Experiments gegenüber der erstmaligen Heil-behandlung

Ist die Überlegung, welche zur Ausscheidung der normalen
Heilbehandlung aus dem Kreise der Experimente am Menschen
führte, noch leicht gefallen, so ergeben sich doch Schwierigkeiten,
wenn von den vier für die Behandlung erforderlichen Prämissen[69])
bei der zweiten besondere Verhältnisse vorliegen. Was hat zu gel=
ten, wenn ein am Menschen noch nicht erprobtes Verfahren oder
Medikament erstmals am Menschen zur Anwendung kommen
soll; liegt dann ein Experiment am Menschen vor, das eine von
der Heilbehandlung verschiedene Beurteilung erfordert, oder nicht?

Mit Rücksicht darauf, daß bei der Beantwortung dieser Frage
die Meinungen von Fachkreisen, aber auch — wie wir an dem ein=
gangs erwähnten Fall gesehen haben[70]) — die Anschauungen der
breiten Öffentlichkeit sehr auseinandergehen, bedarf es hier einer
eingehenden Erörterung. Erst dann wird entschieden werden kön=
nen, ob die Verhältnisse bei der erstmaligen Anwendung eines
neuen Heilverfahrens von der normalen Heilbehandlung so sehr
verschieden sind, daß sie eine gesonderte rechtliche Beurteilung
erfordern.

Zur besseren Veranschaulichung erscheint es dabei zweck=
mäßig, nicht nur abstrakte Überlegungen anzustellen, sondern von
den im Interesse der Kranken für die erstmalige Anwendung einer
neuen Methode zu fordernden praktischen Voraussetzungen aus=
zugehen, um sodann auf induktivem Wege zu einem Schluß zu ge=
langen.

Bei der erstmaligen Anwendung einer neuen Heilmethode
geht das Bestreben des Arztes dahin, einen neuen oder besseren

---

[68]) D i o d o r u s   S i c u l u s I, S. 82, zitiert bei S t o o ß S. 55, Anm. 2.
[69]) Vgl. oben S. 32.
[70]) Vgl. oben S. 3 f.

Weg für die Heilung einer Krankheit zu beschreiten und auszuge=
stalten. Obwohl er sich dabei auf Neuland begibt, ist er bei dieser
Tätigkeit doch nicht von allen Bindungen, die ihm seine Wissen=
schaft auferlegt, losgelöst. Solche Bindungen können in verschie=
denen Beziehungen vorhanden sein.

Vor allem hat sich der Arzt auf Grund seiner Erfahrung und
des jeweiligen Standes der Medizin über die zu erwartenden Fol=
gen seiner Maßnahmen, soweit dies durch theoretische Überlegun=
gen überhaupt möglich ist, Klarheit zu verschaffen.

Dem derzeitigen Stand der medizinischen Wissenschaft ist
auch die praktische Ausführung der neuen Therapie anzupassen.
So sind gewisse fundamentale Grundsätze — z. B. der der Aseptik
— selbstverständlich auch bei der erstmaligen Anwendung einer
neuen Methode zu beachten, wie überhaupt das ganze Konzept
eine entsprechende Anlage zeigen muß. Wenn etwa in einem Fall,
den Stooß anführt[71]), ein verrenktes Kniegelenk durch einen
darauf abgefeuerten Schuß eingerichtet wurde oder wenn in
Scheffels „Ekkehard" der Bruder Pilgeram durch einen Pfeil
von seinem Kropf befreit wird, so hätten solche Dr.=Eisenbart=
Methoden dennoch keinen Anspruch auf Anerkennung.

Der Plan für eine neue Therapie wird meist theoretischen Er=
wägungen entstammen. Aus bereits gewonnenen Erkenntnissen
wird der Schluß abgeleitet werden, daß sich hier die Aussicht auf
eine neue, erfolgversprechende Therapie bietet. So hat Wagner=
Jauregg nicht im Zuge eines wahllosen Herumexperimentierens
einem Paralytiker gerade Malaria=Plasmodien eingeimpft, um die=
ser Krankheit zu begegnen, die Anwendung des Malariafiebers
entsprach vielmehr einem wohldurchdachten Plan. Aus alten Auf=
zeichnungen, aber auch aus eigener Erfahrung waren ihm fast
wunderbar anmutende Heilungen Geisteskranker bekannt, die mit
hohem Fieber einhergehende Infektionskrankheiten durchgemacht
hatten. Er vermutete hier einen Zusammenhang zwischen dem
sonst so gefährlichen Fieber und der stattgefundenen Heilung und
suchte nach einem Weg, wie man in den Körpern der Paralytiker
künstlich Fieber erzeugen könnte. Auch dabei ging er nicht wahl=
los vor, da es natürlich keinen Sinn gehabt hätte, durch Fieber
wohl die Paralyse zu beeinflussen, aber den Patienten zugrunde
gehen zu lassen. Er suchte deshalb zuerst mit Tuberkulin Fieber
zu erregen und erst, als hiebei nur geringe Erfolge zu erzielen
waren, griff er zu einer Infektionskrankheit, die, obwohl sie mit

---

[71]) Stooß S. 51.

hohem Fieber einhergeht, doch mit großer Wahrscheinlichkeit
wieder heilbar ist. Trotzdem Wagner-Jauregg vollkommen
neue Wege in der Behandlung der Paralyse einschlug, benützte er
sorgfältig die von der Medizin bereits gewonnenen Erkenntnisse
und baute erst auf ihnen weiter auf.

Der Grad der Gefährlichkeit der erstmaligen Anwendung der
neuen Heilmethode hängt natürlich von der Art der Therapie ab.
So ist etwa bei der Applikation eines Medikaments zur Beseitigung nervöser Störungen keine solche Gefahr einer Schädigung des
Patienten gegeben wie bei der Erprobung einer neuen Methode in
der Gehirnchirurgie. Die Beurteilung der Gefährlichkeit eines Eingriffes hängt auch weitgehend vom jeweiligen Stande der Medizin
ab. Manche Methode wurde versuchsweise angewendet, jedoch als
zu gewagt angesehen und oft griff man erst Jahrhunderte später
auf sie zurück, nachdem inzwischen die medizinische Wissenschaft
weitere Fortschritte gemacht hatte.

Ein Beispiel hiefür ist die in der Geburtshilfe angewandte Er-
weiterung des verengten Beckenringes durch Spaltung der Scham-
fuge. Die diesem Eingriff zugrunde liegende Idee wurde schon zu
Beginn des 16. Jahrhunderts beschrieben, aber erst 200 Jahre später durch Sigault ausgeführt. Mit Rücksicht auf die hohe Sterb-
lichkeit der Mütter und Kinder kam man von dem Verfahren jedoch bald wieder ab. Erst 1866 wurde diese Operation abermals
aufgegriffen, die heute dank der Fortschritte der operativen Technik und der Aseptik zu den anerkannten Eingriffen in der Geburtshilfe zählt[72]).

Auch heute kennt die Chirurgie gewisse Eingriffe, die mit
einer außerordentlich hohen Sterblichkeitsziffer belastet sind und
die hoffentlich auch in absehbarer Zeit eine günstigere Prognose
zulassen werden. Dazu gehört vor allem die Trendelenburgsche
Embolieoperation, welche die operative Entfernung von Blutge-
rinnseln aus der Lungenarterie zum Gegenstand hat. Das erste Mal
wurde sie im Jahre 1908 zur Anwendung gebracht, der Patient
überlebte sie 15 Stunden. Nach den in der Literatur aufscheinen-
den Fällen haben diese Operation bis zum Jahre 1931 17 Patienten
überlebt, worunter sich allerdings nur 8 Dauerheilungen befin-
den[73]). Die erste Dauerheilung konnte erst 1924, also 16 Jahre
nach der erstmaligen Anwendung dieser Methode erzielt werden.
Obwohl die Trendelenburgsche Operation nun seit 40 Jahren be-

---

[72]) B u m m S. 812.
[73]) H a l b a n S. 43.

kannt ist, bleibt ihr bei der hohen Sterblichkeitsziffer — Eisels=
berg z. B. hatte auf seiner Klinik keinen Fall, in dem er durch die=
sen Eingriff einem Patienten das Leben gerettet hätte[74]) — ein
Anwendungsgebiet nur in verzweifelten Fällen.

Die an sich mögliche Gefährdung des Patienten allein darf
den Arzt nicht abhalten, eine neue Behandlungsmethode zu ver=
suchen. Andernfalls wäre der Kranke in ungezählten Fällen einem
sicheren Tode oder dauerndem Siechtum ausgesetzt, da eben eine
Vielzahl von Heilverfahren mit einer mehr oder weniger großen
Gefahr für den Patienten verbunden ist. Auf jeden Fall muß je=
doch die durch die Behandlung zu erwartende Gefahr der Bedro=
hung des Lebens, welche durch die Erkrankung hervorgerufen
wurde, angemessen sein. Ein Eingriff von der Schwere der Tren=
delenburgschen Operation könnte daher nicht gebilligt werden,
wenn sich der Erkrankte nicht in Lebensgefahr befände.

Prüft jemand die Ergebnisse dieser Operation, ohne zu wissen,
unter welchen Verhältnissen solche Eingriffe vorgenommen wer=
den, wäre er wahrscheinlich versucht, zu fragen, ob ein Verfahren
mit der hohen Sterblichkeitsquote überhaupt gerechtfertigt wer=
den kann. Daß dies doch der Fall ist, ergibt sich aus der Feststel=
lung, daß die Trendelenburgsche Operation fast ausschließlich an
Moribunden vorgenommen wird und sich aus der Statistik nicht
entnehmen läßt, wie oft der Tod propter oder nur post operatio=
nem eingetreten ist.

Bei der Prüfung, welche Gefährdung des Patienten in Kauf
genommen werden kann, sind insbesondere jene Eingriffe schwie=
rig zu beurteilen, welche die Einführung neuer operativer Verfah=
ren zu kosmetischen Korrekturen zum Gegenstand haben. Denn
hier liegt im Sinne der Abwägung der Tendenzen keine Gefahr
für das Leben oder die Gesundheit des Patienten vor, der durch
die Operation gesteuert werden soll. Die Zulässigkeit solcher Ein=
griffe kann aber durch folgende Überlegung begründet werden.
Wenn auch durch die Behebung einer körperlichen Verunstaltung
keine unmittelbare Gefahr für die Physis des Patienten beseitigt
wird, so kann dadurch doch eine Gefährdung der Psyche des Be=
troffenen behoben werden. Es ist ja eine alte Erfahrungstatsache,
daß auffallende Verunstaltungen leicht die Grundlage für Minder=
wertigkeitskomplexe und weitere seelische Beeinträchtigungen dar=
stellen können. So beweist die korrektive Chirurgie vor allem im
Bereich des Gesichtes ihre Berechtigung und ist mitunter — vor

---

[74]) E i s e l s b e r g S. 522.

allem bei Kriegsverletzungen — äußerst notwendig[75]). In diesen Fällen erfüllt sie ihre Aufgabe der Steigerung des Wohlbehagens ohne Schädigung der Organfunktionen am augenfälligsten.

Andere Eingriffe, wie z. B. Operationen der weiblichen Brust aus rein kosmetischen Gründen vorgenommen, erwecken aller= dings Bedenken. Aber auch hier können schwerwiegende Einflüsse auf die Person ausgehen und oft sogar das Leben und das Fami= lienglück der Frau auf dem Spiele stehen. Die Einstellung zu die= sem Problem hat sich auch im Laufe der Zeit geändert, wie Eiselsberg bei einer solchen Operation ausführte[76]): „Wenn man mir noch vor zehn Jahren zugemutet hätte, eine Hängebrust aus rein kosmetischen Gründen zu operieren, hätte ich abgelehnt. Sie sehen, wir sind mit der Zeit gegangen, wir haben dem Wun= sche des Publikums Rechnung getragen und unseren Standpunkt geändert, ohne allerdings völlig hemmungslos und wahllos jedem geforderten Wunsche zu entsprechen"[77]).

In der Möglichkeit der „Änderung des Standpunktes" liegt je= doch kein Freibrief, um unter Berufung darauf jede neue, bisher für nicht angezeigt gehaltene Operation einzuführen. Ein objek= tiver Maßstab, wann eine solche Änderung Platz gegriffen hat, kann freilich nicht gegeben werden. Die Lösung dieses Problems liegt in den Grundsätzen der ärztlichen Ethik, die — worauf auch die Schlußworte des oben angeführten Ausspruchs Eiselsbergs hinweisen — dem Arzt letzte Richtschnur für seine Entscheidung sein müssen.

Wenn wir noch einmal zusammenfassen, welche Anforderun= gen ein Verfahren erfüllen muß, um für die erstmalige Anwendung am Menschen geeignet zu sein, so steht an erster Stelle die aus bereits vorliegenden Erfahrungen und Erkenntnissen abgeleitete berechtigte Erwartung, daß die neu einzuführende Maßnahme für den bestimmten Zweck dienlich sein und zum mindesten keinen schlechteren Erfolg aufweisen werde als die für die konkrete Er= krankung bereits erprobten Heilmethoden. Zweitens muß die Ge= fährlichkeit der neuen Behandlungsart im Einklang mit der Ge= fahr stehen, in welcher sich der Patient durch die Krankheit be= findet. Drittens ist die Prüfung zu fordern, ob die spezifische Art

---

[75]) Dazu Frühwald S. 1 f.

[76]) Abgedruckt bei Biesenberger S. 11.

[77]) Vgl. auch Meixner S. 15: „Die Dringlichkeit seines (des Patien= ten) Wunsches würde allein den Arzt noch nicht von der Haftung befreien, sobald sich das Eingehen auf den Wunsch als ein Verstoß gegen die guten Sitten darstellt."

der Heilbehandlung dem jeweiligen Stand der medizinischen Wis=
senschaft entspricht und ob dieser Stand auch ein erfolgreiches
Anwenden der neuen Heilmethode gewährleistet. Viertens muß die
neue Behandlungsart im Einklang mit den Anschauungen der Zeit
und insbesondere mit den Grundsätzen der ärztlichen Ethik stehen.

Hat der Arzt das ihm vorschwebende neue Heilverfahren auf
seine prinzipielle Zulässigkeit hin geprüft, so wird er nur dann
die neue Methode sogleich am Menschen erproben können, wenn
es sich um geringfügige Maßnahmen handelt deren Folgen mit
größtmöglicher Sicherheit von vornherein vorausgesehen und be=
urteilt werden können.

In allen anderen Fällen sind erst Vorversuche anzustellen, die
je nach der Art der geplanten Heilmaßnahme durchgeführt wer=
den müssen. Im Vordergrunde stehen dabei Versuche an der
Leiche und Tierexperimente[78]).

Billroth war wohl nur deshalb in der Lage, schon bei der er=
sten von ihm durchgeführten Kehlkopfexstirpation einen vollen Er=
folg zu erzielen, weil die Technik dieser Operation vorher ein=
gehend an Hunden studiert wurde. Das gleiche gilt für die erst=
malige Magenresektion, vor welcher seine Assistenten 26 Tierver=
suche anzustellen hatten[79]).

Was im vorhergehenden über die Überlegungen, die zu einem
neuen Heilverfahren führen, und über die Vorversuche theoretisch
auseinandergesetzt wurde, soll noch an einem praktischen Beispiel,
und zwar der Entdeckungsgeschichte des Salvarsans erläutert
werden.

Schon während seiner Studienjahre hatte Paul E h r l i c h Er=
fahrungen über das Färben von Gewebeteilen gewonnen; waren
es vorerst Leichenschnitte gewesen, die er zur besseren Heraus=
hebung der Einzelheiten mit leuchtenden Anilinfarben färbte, so
beobachtete er später, daß Methylenblau, in einen tierischen Or=
ganismus eingespritzt, auf wunderbare Weise nur die lebenden
Nervenenden blau färbt, während das übrige Gewebe seine natür=
lichen Farben beibehält. Die Beobachtung, daß es eine Farbe gibt,
die von allen Geweben des tierischen Körpers nur auf ein einziges
einwirkt, brachte ihn auf den Gedanken, es müßten sich auch
Stoffe finden lassen, die auf den menschlichen Organismus ohne
Wirkung bleiben, jedoch die Kraft haben, Mikroben, mit denen
ein menschlicher Körper behaftet ist, zu vernichten.

---

[78]) Über Tierexperimente siehe unten S. 71 ff.
[79]) E i s e l s b e r g S. 491.

Diese theoretische Überlegung stellte die Grundlage für den Kampf Ehrlichs gegen die Spirochaeta pallida dar. Freilich lag zwischen dem ersten Gedanken und dem ersten greifbaren prakti= schen Ergebnis ein langer, dornenvoller Weg, denn bevor E h r= l i c h die Richtigkeit seiner Theorie an dieser Geißel der Mensch= heit unter Beweis stellen konnte, mußte er sich erst an anderen Bakterien versuchen.

Er ließ sich die Trypanosomen des mal de Caderas, einer Pferdeseuche, vom Pasteur=Institut aus Paris kommen und ver= suchte mit fast fünfhundert Farben die Mikroben in den damit behafteten Mäusen zu töten, bis er einen Stoff — genannt Trypan= rot — fand, der die Mikroben vernichtete und die Versuchstiere gesunden ließ.

Das war noch kein endgültiger Erfolg, er erbrachte ihm aber den Beweis, daß seine Theorie richtig war. Weitere Versuchs= reihen wurden angestellt und es bedurfte der Erprobung von nicht weniger als 606 Arsenverbindungen, um jenes Mittel zu finden, das eine wirksame Bekämpfung der Spirochaeta pallida ermög= lichte und unter dem Namen Salvarsan seinen Siegeszug um die Welt antrat.

Wurde zur Vorbereitung der neuen Methode das Menschen= mögliche getan, kann zur erstmaligen Anwendung der Therapie am lebenden Menschen geschritten werden. Dabei bleibt aller= dings noch die wichtige Frage der Einwilligung des Patienten offen.

Der Arzt, der zum ersten Male ein neues Heilverfahren anwen= den will, benötigt auf jeden Fall die grundsätzliche Einwilligung des Patienten, sich von ihm überhaupt behandeln zu lassen. Muß sich diese Einwilligung aber auch darauf beziehen, daß der Kranke sein Einverständnis dazu erteilt, daß ein Heilverfahren bei ihm zum ersten Male zur Anwendung kommt?

Manches spräche dafür, diese Frage zu bejahen. Der Kranke vertraut darauf, daß er mit einer erprobten Heilmethode behan= delt wird. Der Entschluß, sich der Behandlung zu unterziehen, könnte durch die Tatsache, daß ein Verfahren zum erstenmal am Menschen angewendet werden soll, mitunter nicht unwesentlich beeinflußt werden. Das ganze Problem ist insbesondere für die Behandlung in Spitälern von Bedeutung, da dort der Kranke ja leicht in ein Abhängigkeitsverhältnis zu dem behandelnden Arzt kommt, den er sich auch nicht nach Belieben auswählen kann. So besteht in gewissen Kreisen der Bevölkerung eine Voreingenom= menheit gegenüber Universitätskliniken, weil es bekannt ist, daß dort eher als in anderen Spitälern die Behandlung des Patienten in

den Dienst des medizinischen Fortschrittes gestellt wird[80]). Dabei
vergißt man allerdings, daß neue wissenschaftliche Erkenntnisse
niemand anderem als gerade den Patienten zugute kommen.

Im Interesse des Kranken wird aber eine restlose Aufklärung
nicht zu fordern sein. Die Anwendung der neuen Heilmethode
soll ja nur zum Besten des Kranken selbst erfolgen, sie soll gegen=
über bereits geübten Behandlungsweisen bessere Heilungsaussich=
ten bieten oder gar bei einer Krankheit, die bisher einer Behand=
lung nicht zugänglich war, Hilfe bringen. Der Erfolg einer Heil=
behandlung hängt aber nicht allein von der Therapie ab, sondern
ist in einem nicht zu unterschätzenden Ausmaß auch davon be=
einflußt, wie sich der Patient zu ihr stellt, ob er seinem Arzt ver=
traut und ob er seinen Willen dem Heilungswillen des Behandeln=
den unterordnet[81]).

Diese Einstellung des Kranken würde nun nicht unwesentlich
durch das Bewußtsein beeinflußt werden, daß gerade an ihm eine
neue Behandlungsweise zum ersten Male Anwendung finden soll.
Das Vertrauen in die Heilkraft der Therapie müßte dadurch
zwangsläufig sinken und so überhaupt der Erfolg der Behandlung
in Frage gestellt werden. Es ist menschlich verständlich, daß nie=
mand gerne der erste sein will, an dem eine neue Therapie zuerst
Anwendung findet, und es sind auch aus der Geschichte der Me=
dizin Fälle bekannt, wo hochgestellte Persönlichkeiten sich erst
dann einem Eingriff unterzogen, nachdem dieser schon an meh=
reren Personen vor ihnen ausprobiert worden war[82]).

Wenn auch ein Großteil der Patienten, die anfangs nach einer
restlosen Aufklärung vor der Erteilung der Zustimmung zurück=
schrecken würden, schließlich und endlich doch überredet werden
könnte, so bliebe eine unnötige Aufregung zurück, da nicht jeder
das erforderliche Verständnis dafür aufbrächte, daß das neue Ver=
fahren sorgfältig vorbereitet worden ist. Der Erfolg wäre nur eine
Einbuße an Vertrauen und Zuversicht, die der Kranke in den
Arzt und dessen Maßnahme setzt.

Auch bei längst erprobten Behandlungsmethoden setzt der
Arzt seinem Patienten nicht alle Einzelheiten und möglichen Kon=

---

[80]) S t o o ß S. 31.

[81]) Dazu S t a r l i n g e r S. 24.

[82]) Als Ludwig XIV. an einer Mastdarmfistel erkrankte, wurden zahl=
reiche Patienten, die an der gleichen Erkrankung litten, auf Staatskosten nach
Paris gebracht, damit die Ärzte an ihnen die zweckmäßigste Operations=
methode studieren konnten.

sequenzen des Eingriffes auseinander[83]). Denn wenn natürlich der Kranke in großen Zügen informiert werden muß, was mit ihm geschehen soll und was die wahrscheinlichen Folgen sein werden, so wird doch kein Arzt etwa jeden Patienten darauf hinweisen, daß auch bei ganz kleinen Eingriffen ein Narkosetod oder eine Embolie immerhin im Bereich der Möglichkeit liegen.

Aus den angeführten Erwägungen heraus wird es genügen, wenn der Arzt die Zustimmung des Patienten zur Behandlung einholt, ohne zu erwähnen, daß es sich um eine erstmals am Menschen anzuwendende Therapie handelt.

Prüfen wir nun nach diesem Überblick über die Probleme der erstmaligen Anwendung einer neuen Heilmethode am Menschen, welche grundsätzlichen Unterschiede gegenüber der normalen Heilbehandlung aufgezeigt werden konnten, so bleibt wenig genug übrig. Die grundsätzliche Unterscheidung liegt darin, daß bei einer normalen Heilbehandlung eine Auswertung schon früher gesammelter Erfahrungen auf gleich gelagerte Fälle stattfindet, während bei der erstmaligen Anwendung einer neuen Methode eine vorerst erschlossene Erkenntnis bei einem gegebenen Fall ausgewertet werden soll. Wurde aber die Vorbereitung wirklich sorgfältig durchgeführt, so ist der Unsicherheitsfaktor des neuen Verfahrens normalerweise kaum größer als die Ungewißheit, welche auch bei der bereits erprobten Heilbehandlung hinsichtlich der Widerstandskraft des Kranken besteht[84]).

Dazu kommt, daß natürlich auch die erstmalige Anwendung einer neuen Methode an einem kranken Menschen in Verfolgung des Heilungszweckes geschieht, genau wie bei jeder anderen Heilbehandlung. Das ist das Ausschlaggebende. Mag auch hier das Moment des Erfahrungssammelns mehr betont sein als bei der

---

[83]) Vgl. die E. d. RG. Band 78, S. 433: „Eine Verpflichtung des Arztes, den Kranken auf alle nachteiligen Folgen aufmerksam zu machen, die möglicherweise bei einer dem Kranken angeratenen Operation entstehen können, kann nicht anerkannt werden. Die Annahme einer derartigen Verpflichtung läßt sich weder aus der Übung der pflichtgetreuen und sorgfältigen Vertreter des ärztlichen Berufes noch aus inneren Gründen herleiten. Eine umfassende Belehrung des Kranken über alle möglichen nachteiligen Folgen der Operation würde nicht selten sogar falsch sein, sei es, daß der Kranke dadurch abgeschreckt wird, sich der Operation zu unterwerfen, obwohl sie trotz der damit verbundenen Gefahren geboten oder doch zweckmäßig ist, sei es, daß der Kranke durch die Vorstellung der mit der Operation verbundenen Gefahren in Angst und Erregung versetzt und so der günstige Verlauf der Operation und der Heilung gefährdet wird."

[84]) Siehe oben S. 32.

bereits erprobten Methode, so ist die Bereicherung an Erfahrung nicht Selbstzweck — in erster Linie steht die Heilung des kranken Organismus.

Damit haben aber auch alle für die Heilbehandlung entwickelten Grundsätze Gültigkeit für die erstmalige Anwendung einer neuen Heilmethode und es entfällt die Notwendigkeit, eine erstmalige Heilbehandlung als Experiment am lebenden Menschen anzusehen und einer gesonderten rechtlichen Beurteilung zu unterziehen[85]).

Es gilt also alles, was über die Heilbehandlung überhaupt festgestellt wurde, auch für die erstmalige Anwendung einer neuen Therapie; auf gewisse besondere Erfordernisse wurde oben hingewiesen, sie sind aber im wesentlichen nichts anderes als Folgerungen, die sich aus der Forderung nach einem legeartisHandeln ergeben. Denn wie bei der erprobten Behandlung auf Grund der Diagnose eine genaue Indikationsstellung für die in Anwendung kommende Therapie erforderlich ist, um überhaupt von einem kunstgerechten ärztlichen Handeln sprechen zu können, d. h. der Arzt hat sorgfältig zu prüfen, ob eine bestimmte Behandlungsmethode auf den vorliegenden Fall paßt oder ob nicht mit einer anderen Behandlungsweise bessere Erfolge erzielt werden, so muß sich die Prüfung bei der erstmaligen Anwendung eines Verfahrens eben auch noch auf die allgemeine Zweckmäßigkeit der zu erprobenden Methode richten.

Sind wir so auf Grund rechtlicher Überlegungen zu dem Schluß gelangt, daß zwischen der Heilbehandlung an sich und der erstmaligen Anwendung einer neuen Heilmethode kein Unterschied in der Beurteilung besteht, wird dieses Ergebnis auch bei einer Betrachtung vom Standpunkt der ärztlichen Ethik bestätigt.

Hier ist vor allem zu beachten, daß die ärztliche Ethik den Arzt nicht nur b e r e c h t i g t, neue Heilmaßnahmen einzuführen, sondern, wie es etwa in der heute üblichen Sponsionsformel zum Ausdruck kommt[86]), geradezu eine F o r s c h e r p f l i c h t der Ärzteschaft normiert. Ist die erstmalige Anwendung einer neuen Therapie der ständige Begleiter des medizinischen Fortschrittes, so stellt es nur eine logische Folgerung dar, daß die Ärzteschaft ihr besonderes Augenmerk diesem Fortschritt zuwendet, denn durch ihn wird sie in die Lage versetzt, an neuen Stellen zu helfen, wo ihre Bemühungen bisher vergeblich waren.

---

[85]) Vgl. dazu R i t t l e r I, S. 104, B a r I, S. 230, O p p e n h e i m S. 36, T ü r k e l S. 4.

[86]) Siehe oben S. 26 f.

Genau so wie bei jeder alltäglichen Heilbehandlung müssen die Grundsätze der ärztlichen Ethik dem Arzt bei der Anwendung einer neuen Heilmethode insbesondere dort als Richtlinie dienen, wo die generelle Norm versagt und der Arzt auf die Entscheidung seines Gewissens angewiesen ist. So kann nicht allgemein gültig bestimmt werden, welche Gefahren bei einer Therapie noch in Kauf genommen werden können, wann ein neues Verfahren genügend vorbereitet ist, um erstmalig am Menschen durchgeführt zu werden, usw.

Welche Bedeutung hiebei der ärztlichen Ethik zukommt, geht auch aus der Begründung des Strafgesetzentwurfes 1927 zu § 263, der sich mit der Heilbehandlung befaßt, hervor: „Den Maßstab, nach dem sich die Zulässigkeit des Eingriffs oder der Behandlung beurteilt, bildet die Übung eines gewissenhaften Arztes. Der Eingriff oder die Behandlung muß somit nicht nur nach den Regeln der ärztlichen Wissenschaft angezeigt sein und kunstgerecht ausgeführt werden, sondern auch vom Standpunkt der ärztlichen Ethik aus statthaft erscheinen."

Freilich können auch die Grundsätze der ärztlichen Ethik dem Arzt nicht bis ins einzelne seine Handlungsweise vorschreiben, auch sie sind — wir wir gesehen haben — in einzelnen Teilen wandelbar[87]); unumstößlich bleiben jedoch gewisse fundamentale Forderungen, bei deren Preisgabe sich die Medizin selbst aufgibt. In vorderster Reihe stehen da die Gebote „nil nocere" und „salus aegrorum suprema lex esto".

Die letzte Entscheidung, ob eine geplante Maßnahme mit diesen Leitsätzen vereinbar ist, liegt beim Arzt; sie ist gerade bei der erstmaligen Anwendung eines neuen Verfahrens in manchen Fällen nur sehr schwer zu treffen. Vergegenwärtigen wir uns doch nur einmal die Lage, in der sich Vorkämpfer der ärztlichen Wissenschaft befunden haben: Billroth vor seiner ersten Magenresektion, Wagner-Jauregg, als er den ersten Paralytiker der Malariabehandlung unterzog.

S t o o ß[88]) meint in diesem Zusammenhang, Billroth durfte diesen Eingriff vornehmen, da er als Meister operativer Technik überzeugt sein konnte, daß er den Patienten nicht schädigen werde, außerdem sei die Operation dem Zustand des Kranken angemessen gewesen, da dieser sonst verloren gewesen wäre. Aber

---

[87]) Vgl. den oben S. 38 angeführten Ausspruch E i s e l s b e r g s sowie S c h m i d t S. 329 und B ü d i n g e r 2, S. 6.

[88]) S t o o ß S. 51.

auch hier: wann darf sich ein Arzt eine komplizierte Operation zutrauen, unter welchen Umständen kann er überzeugt sein, den Patienten nicht zu schädigen, wann ist von vornherein anzuneh= men, daß der Kranke ohne den Eingriff verloren wäre?

Dies alles sind Fragen, die nur für den einzelnen Fall beant= wortet werden können. Der Arzt muß hiebei nicht allein die not= wendigen wissenschaftlichen Kenntnisse besitzen, er bedarf dazu eminenter sittlicher Qualitäten, um in dem Rahmen, der durch die Rechtsordnung bestimmt ist, eine dem Patienten und seinem Stande entsprechende Entscheidung treffen zu können.

Die Größe eines Arztes liegt nicht allein in einem unternom= menen Wagnis[89]), sondern in Entschlußfreudigkeit, die sich je= doch mit Können, Vorsicht und Rücksichtnahme auf den Patien= ten verbinden muß[90]). Kaum ein anderer Wesenszug berührt an einem Arzt befremdender, als wenn ihm nachgesagt werden muß, er hätte wohl großes Interesse für die Krankheit, aber für seine Patienten kein Herz[91]).

B. Das wissenschaftliche Experiment

1. Zweck und Arten des Experiments

Nach der vorgenommenen Abgrenzung gegenüber der Heil= behandlung stellen sich uns Experimente am Menschen als Ein= wirkungen auf den menschlichen Organismus dar, welche, ohne unmittelbar auf einen Heilungszweck gerichtet zu sein, aus wissen= schaftlichen Gründen vorgenommen werden und der praktischen Feststellung gewisser physiologisch relevanter Tatsachen und so= mit der ausschließlichen Gewinnung neuer Erkenntnisse dienen.

Das in diese Begriffsbestimmung aufgenommene Erfordernis, daß die Experimente zu wissenschaftlichen Zwecken durchgeführt werden müssen, weist auf die mit den Versuchen beabsichtigte Vermehrung menschlichen Wissens hin und zieht eine Trennungs= linie gegenüber Einwirkungen auf den menschlichen Organismus, welche aus purem Mutwillen oder Bosheit vorgenommen werden.

---

[89]) Vgl. die Charakteristik B i l l r o t h s bei S c h ö n b a u e r S. 293.

[90]) E i s e l s b e r g S. 48 über seinen Lehrer.

[91]) So schreibt P l e s c h S. 65 über Bernhard N a u n y n, ehemaligen Professor in Straßburg: „Naunyn was a devoted and enthusiastic scientist, but a poor doctor. He was keenly interested in sickness, but not in sick people.“

Die Förderung menschlicher Erkenntnis und Erfahrung kann dabei in zweifacher Hinsicht erfolgen. Erstens ist es möglich, daß durch den Versuch Erkenntnisse gewonnen werden sollen, welche für die Wissenschaft überhaupt vollkommen neu sind, es kann aber zweitens durch das Experiment auch die Erfahrung nur eines beschränkten Kreises vermehrt werden, wenn nämlich gewisse Vorgänge, die der Wissenschaft bereits wohlbekannt sind, zu Demonstrationszwecken vorgeführt werden.

Der Kreis, welcher damit zur Abgrenzung der Experimente am lebenden Menschen gezogen wird, ist vielfältig und weit genug. Um nach der abstrakten Begriffsbestimmung eine anschauliche Vorstellung zu geben, welche Einwirkungen auf den menschlichen Organismus in diesem Rahmen möglich sind, sollen im folgenden Beispiele solcher Versuche gegeben werden.

Der älteste Bericht über Experimente an lebenden Menschen ist uns wohl durch Plutarch überliefert, und zwar soll Kleopatra an zum Tode verurteilten Verbrechern Versuche angestellt haben, um ein schmerzlos wirkendes Gift herauszufinden, damit sie sich dessen bei Bedarf selbst bedienen könnte[92]).

Über ein an einer Krebskranken durchgeführtes Experiment wurde im Jahre 1891 in der Pariser medizinischen Akademie berichtet. Bei diesem Versuch entnahm ein Dr. Cornil ein Stück der Krebsgeschwulst, mit der eine der Brüste einer Krebskranken behaftet war, und implantierte dasselbe unter die Haut der zweiten, gesunden Brust. In der Folgezeit bildete sich auch an der zweiten Brust ein Karzinom, und obwohl eine Operation vorgenommen wurde, starb die Frau. Die Zeitungen, welche die Mitteilung davon brachten, wußten zu melden, daß der Bericht über dieses Experiment einen Sturm der Entrüstung ausgelöst habe[93]).

Ein anderer Versuch sollte den Beweis dafür liefern, daß Paralytiker eine syphilitische Infektion durchgemacht haben müssen. Man vermutete wohl, daß Syphilis die Ursache der progressiven Paralyse sei, hatte aber noch keine Bestätigung hiefür. Zu diesem Zweck wurde Paralytikern das Blut von Personen, welche an Syphilis erkrankt waren, eingeimpft[94]).

Diese Experimente liegen mehr als ein halbes Jahrhundert zurück und bis zum Beginn des zweiten Weltkrieges finden sich in

---

[92]) Plutarch, Vitae parallelae, Marcus Antonius, Cap. LXXI.

[93]) Wölfler-Doberauer S. 633.

[94]) Stooß S. 80 f.; ein ähnlicher Fall wird von Wilhelm S. 35 mitgeteilt.

der uns zugänglichen Literatur keine weiteren Fälle solcher Ver=
suche angeführt. Das sagt natürlich nicht, daß überhaupt keine
wissenschaftlichen Experimente an Menschen vorgenommen wur=
den, sondern es ist ein Zeichen dafür, daß sich die angestellten
Versuche im Rahmen des Zulässigen gehalten haben und daher
kein Anlaß bestand, Übergriffe besonders herauszustreichen und
anzuprangern.

Erst der jüngsten Vergangenheit blieb es vorbehalten, Experi=
mente am laufenden Band vorzunehmen, die in der Geschichte
der menschlichen Forschung ohne Beispiel sind. Diese Versuche
bewegten sich auf den verschiedensten Gebieten und waren vor
allem auf medizinische, eugenische und rassenpolitische Ziele ab=
gestellt[95]).

Zur Erforschung physiologischer Belastungsgrenzen wurden
Menschen im Unterdruckverfahren den Bedingungen außerge=
wöhnlicher Höhen ausgesetzt. Obwohl bereits bekannt war, daß
ein Absprung aus 13 km Höhe ohne künstliche Sauerstoffversor=
gung und ein solcher aus 18 km Höhe mit Sauerstoffgerät an der
Grenze des für Menschen noch Ertragbaren liegt, wurden mit
lebenden Menschen Versuche bis in die Höhe von 21 km ange=
stellt, wobei der Tod unvermeidlich eintreten mußte. Um die Aus=
wirkungen auf den menschlichen Organismus mit größtmöglicher
Genauigkeit festhalten zu können, baute man in Luftverdünnungs=
kammern, welche die atmosphärischen Bedingungen einer Höhe
von 21 km herstellten, Aufnahmeapparate und medizinische Re=
gistriergeräte ein; durch sie wurde die Arbeit des Herzens bis zum
Stillstand graphisch festgehalten. Die Autopsie der Opfer wurde
zuweilen zu einem Zeitpunkt vorgenommen, in dem das Herz noch
schlug. Unter den bei diesen Experimenten umgekommenen acht=
zig Personen befanden sich vierzig zum Tode Verurteilte.

Zur Klärung der Frage, wie lange ins Meer abgestürzte Flie=
ger ohne Hilfeleistung am Leben bleiben könnten, stellte man Ex=
perimente über langandauernde Unterkühlungen an. Die Versuchs=
personen wurden in Wasser mit einer Temperatur von 2.5 bis
12 Grad gelegt. Wenn dabei die Körperwärme auf 28 Grad gesun=
ken war, trat mit Sicherheit der Tod ein. Die Opfer blieben meist
eine Stunde im Wasser, bei manchen Versuchen wurde die Ver=
weildauer bis auf fünf Stunden ausgedehnt. Von den 300 Versuchs=
personen starben etwa 30 Prozent. Eine besondere Variante be=

---

[95]) Näheres hierüber bei Kenneth Mellanby S. 148 ff. und
Schinz S. 63 ff. sowie in der Zeitschrift „The Journal of the American
Medical Association", Vol. 132, No. 12, pag. 715.

stand darin, noch Lebende durch „animalische Wärme", wofür Protistuierte verwendet wurden, wieder anzuwärmen.

Weitere Versuche galten dem Problem der Trinkbarmachung von Meerwasser, woran besonders die Luftwaffe wegen der Abstürze von Flugzeugen auf hoher See Interesse hatte. Als Versuchsobjekte fanden 40 Personen Verwendung, von denen die Hälfte rassisch mit der europäischen Bevölkerung vergleichbar war. Die Experimente bestanden in der kontrollierten und dosierten Verabreichung von gewöhnlichem Trinkwasser oder Seewasser bzw. in der Verweigerung jeder Flüssigkeitszufuhr. Das Durstgefühl und die Schwächezustände wirkten sich bei einzelnen Personen so aus, daß sie schon nach einigen Tagen nicht mehr das Bett verlassen konnten. Zur Stillung des qualvollen Durstgefühls tranken einzelne die Schmutzwasserkübel aus oder schlürften das ausgeschüttete Wasser vom Boden auf.

Versuche mit Erregern von Infektionskrankheiten bestanden unter anderem darin, daß Gesunde mit dem Blut von Fleckfieberkranken oder mit Kulturvirus künstlich infiziert wurden, nachdem sie vorher mit Fleckfieberserum behandelt worden waren. In einer Versuchsreihe z. B. betrug die Zahl der Experimente 392, dabei erkrankten trotz Impfungen 382, 97 Versuchspersonen starben.

Ähnliche Experimente wurden mit ansteckender Gelbsucht angestellt.

Bei Versuchen mit Wundinfektionen öffnete man operativ die Weichteile der Wade und infizierte die so entstandenen Wunden mit Bakterien, namentlich Eitererregern, Gasbrand= sowie Starr=krampfbazillen und erprobte dann die neuen Heilmittel der deut=schen und schweizerischen pharmazeutischen Industrie. Um Amputationen möglich zu machen, wurden die Infektionen nur am Unterschenkel gesetzt. In manchen Fällen breiteten sich die Infektionen aber so schnell aus, daß keine Heilungsmöglichkeit mehr bestand und Amputationen deshalb unterblieben. Beim Ausbleiben von Todesfällen wurden die vorgenommenen künstlichen Wundinfektionen als ungenügend erklärt, da sich die Experimentatoren offensichtlich mit „Flohbissen" begnügt hätten. Bei weiter negativ verlaufenden Experimenten wurde die Zufügung richtiger Schußwunden in Aussicht gestellt.

Zu Experimenten mit Giftgas mußten sich die Versuchspersonen nackt ausziehen, ein Assistent hielt ihnen die Arme und sie erhielten 10 cm oberhalb des Unterarmes einen Tropfen Lost aufgetragen. Nach zehn Stunden zeigten sich am ganzen Körper Brandwunden. Nach fünf bis sechs Tagen starben die ersten

Opfer. Bei der Sektion zeigte sich, daß die Eingeweide und Lun=
gen von dem Gift vollkommen zerstört waren.

Weitere Versuche betrafen Entfernungen von Knochenstücken,
um Erfahrungen zu sammeln, wieviel von den Fußknochen gekürzt
werden könnte, ohne daß Funktionsstörungen auftreten.

Versuche dieser Art, welche mit einer schweren Schädigung
der Gesundheit, ja mit dem Verlust des Lebens der Versuchs=
person verbunden sind, trennt eine breite Kluft von Einwirkungen
auf den menschlichen Organismus zu experimentellen Zwecken,
die nur leichtere Verletzungen oder überhaupt keine Beeinträchti=
gung der Körperintegrität zur Folge haben. In die letztere Kate=
gorie fallen insbesondere Experimente an lebenden Menschen zu
Lehr= und Demonstrationszwecken, wie z. B. Auslösung des Patel=
larreflexes[96]), Ausprobieren der Wirkung eines Induktionsappara=
tes, Demonstrierung der Röntgenstrahlen usw.

2. Beurteilung des Experiments

Die Beurteilung, welche die am Menschen vorgenommenen
wissenschaftlichen Experimente durch manche Autoren erfahren,
ist kurz und eindeutig: Versuche dieser Art werden grundsätzlich
und ohne jede Ausnahme abgelehnt.

So meint B ü d i n g e r[97]): „Es liegt nicht in meiner Absicht,
mich über die Experimente zu sogenannten wissenschaftlichen
Zwecken zu verbreiten; wer nicht das Minimum von Rechtsgefühl
besitzt, um einzusehen, daß diese Versuche unter keinen Umstän=
den gestattet sind, dem fehlt eben eine normale psychische Funk=
tion." Allerdings muß auch er wenige Seiten weiter zugeben, daß
solche Versuche unter Umständen doch notwendig sind. Und
diese Notwendigkeit ist es, die zu einer Befassung mit dem wis=
senschaftlichen Experiment zwingt, denn es ist offenbar kein be=
friedigender Zustand, die Zulässigkeit eines menschlichen Verhal=
tens, das als notwendig anerkannt wird, unter bloßer Berufung
auf das Rechts g e f ü h l mit einem Pauschalurteil a priori zu ne=

---

[96]) Sofern dieser Reflex nicht als diagnostisches Hilfsmittel, sondern zu
Demonstrationszwecken ausgelöst wird; im ersteren Falle läge ja überhaupt
eine Maßnahme im Rahmen der Heilbehandlung vor. Siehe oben S. 27 f.

[97]) B ü d i n g e r 1, S. 64. Ebenso bezeichnet G s c h m e i d e r S. 87
von vornherein jeden wissenschaftlichen Versuch am Menschen als unstatt=
haft; später muß aber auch er solche Versuche unter gewissen Umständen
für zulässig erklären.

gieren. Noch dazu, wo es sich hier um einen Vorgang zu wissen=
schaftlichen Zwecken handelt, bei dem also unter Ausschaltung
verwerflicher Motive die Förderung menschlicher Erkenntnis im
Vordergrund steht.

Die Schwierigkeit einer auf den Menschen bezogenen For=
schung liegt darin begründet, daß jeder Mensch ein einmaliges,
nicht substituierbares Individuum darstellt, das unter dem beson=
deren Schutz der Rechtsordnung steht. Während also der Zoologe
oder Chemiker mit seinen Untersuchungsobjekten nach Gutdün=
ken verfahren kann, stellen sich zum Beispiel einem Forscher der
menschlichen Physiologie die Verhältnisse ganz anders dar. Allen
Forschungen ist aber das Bestreben gemeinsam, noch ungeklärte
Fragen einer allumfassenden Klärung zuzuführen, um die Erkennt=
nisse möglichst lückenlos zu gestalten. Daß solche allumfassende
Feststellungen hinsichtlich der menschlichen Physis noch nicht ge=
troffen werden konnten, wird eben durch die aufgezeigten beson=
deren Bedingungen, die wir hier vorfinden, verhindert.

Während etwa der Techniker von einem Material bis in jede
kleinste Einzelheit dessen Eigenschaften anzugeben vermag, ist
dies dem Physiologen nicht in einer solchen Vollkommenheit mög=
lich. Er ist insbesondere bei den Belastungsgrenzen in vielen Fäl=
len auf Zufallsbeobachtungen angewiesen, da er einen Menschen
nicht einer gleichen Zerreißprobe wie ein Materialstück aussetzen
kann.

Es liegt auf der Hand, daß Experimente am Menschen nicht
ausschließlich theoretischen Zwecken dienen, sondern ihre Aus=
wertung auch eminente praktische Bedeutung haben kann. Insbe=
sondere die auf dem Gebiete der Technik erzielten Fortschritte
haben mitunter eine Beanspruchung des menschlichen Organismus
zur Folge, deren Ausmaß und Erträglichkeit oft nicht theoretisch
abschätzbar sind. Vor der Serienerzeugung eines neuen Düsenflug=
zeuges werden sich zum Beispiel eingehende Vorversuche als not=
wendig erweisen, ob die Beschleunigung noch vertragen werden
kann oder nicht. Auch in der Industrie ergibt sich die Notwendig=
keit, dort, wo Menschen unter gesundheitsgefährdenden Bedingun=
gen arbeiten müssen, Versuche anzustellen, ob der menschliche
Organismus den Beanspruchungen überhaupt gewachsen ist. So
sind wohl Tausende von Arbeitern gezwungen, die Dämpfe von
Lösungsmitteln einzuatmen. In solchen Fällen erweist es sich als
erforderlich, festzustellen, wie viel Benzol in Gummifabriken ein=
geatmet werden kann, ohne Symptome einer bestimmten Schwere
zu verursachen usw.

Ein weites Feld ist dem Experiment am Menschen auch bei der Entwicklung neuer Heilmethoden vorbehalten, da überall dort, wo ein Medikament oder ein Verfahren nicht am Kranken zu dessen unmittelbarer Heilung Anwendung findet, nicht von einer Heilbehandlung gesprochen werden kann, sondern eine ge= sonderte rechtliche Beurteilung vorgenommen werden muß. Schließlich hat das Experiment seine Bedeutung im Rahmen der wissenschaftlichen Ausbildung. Mag es vielleicht noch problema= tisch erscheinen, ob es unbedingt notwendig ist, Schüler praktisch einen Induktionsapparat erproben zu lassen, in gewissen Fällen erweist sich die Durchführung eines Experiments am Menschen jedenfalls als unerläßlich. So ist z. B. die Abhaltung eines Augen= spiegelkurses nur dann möglich, wenn man einer Person zur Er= weiterung der Pupille ein Medikament — etwa Homatropin — ein= träufelt, weil der Ungeübte meist nicht imstande ist, bei enger Pupille den Augenhintergrund zu sehen. Die Folgen der erweiter= ten Pupille sind aber eine mehrstündige leichte Sehstörung.

Zur Beurteilung der wissenschaftlichen Experimente muß — wie bei der Heilbehandlung — vor allem die Feststellung getroffen werden, welcher Tatbestand durch solche Versuche eigentlich ge= setzt werden kann.

Wenden wir uns zu diesem Zweck den oben angeführten Bei= spielen zu, so müssen wir feststellen, daß, obwohl allen Einwir= kungen (mit Ausnahme der vollkommen unschädlichen, wie der Auslösung des Patellarreflexes) schwerwiegende Verletzungsfolgen oder wenigstens die Gefahr solcher gemeinsam sind, doch gewisse Unterschiede bestehen.

So war der Versuch Kleopatras von vornherein darauf ab= gestellt, Menschen zu töten, während Dr. Cornil sicherlich nicht die Krebskranke zu töten, ja nicht einmal an ihrer Gesund= heit schwer zu schädigen beabsichtigte; er wollte vielmehr die Krankheit, nachdem sie sich weiterverbreitet hatte, heilen, Dr. Cornil hatte wohl den Vorsatz, die Kranke zu schädigen, denn die künstliche Weiterverbreitung der Krankheit stellte eine Schädigung des Organismus dar. Dieser Vorsatz wurde auch nicht dadurch beseitigt, daß er die Frau, nachdem die Krebsgeschwulst auf die zweite Brust übergegriffen hatte, heilen wollte.

Zwischen diesem und dem an Paralytikern vorgenommenen Experiment besteht insofern ein grundlegender Unterschied, als Dr. Cornil durch die Implantation offenbar seine Vermutung, daß Krebs übertragbar sei, beweisen wollte, während der Versuch mit den Paralytikern die Theorie, daß ein Mensch, der bereits syphilitisch infiziert ist, auf eine weitere syphilitische Ansteckung nicht reagiert, erhärten sollte. Das eine Mal ging man also von der Voraussetzung aus, es werde eine Weiterverbreitung der Krank= heit eintreten, während bei dem zweiten Experiment gerade das Gegenteil erwartet wurde.

Was die Versuche aus der jüngsten Vergangenheit betrifft, so waren die Erwartungen, die man daran knüpfte, ganz verschieden. Sie gingen von der nachfolgenden Heilung der Versuchspersonen über leichte und schwere Körperverletzungen bis zum Tode des Opfers.

Ohne Berücksichtigung etwaiger Rechtfertigungs= oder Schuld= ausschließungsgründe hätte also Kleopatra den Tatbestand des Mordes verwirklicht, Dr. Cornil — falls seine Handlung als ur= sächlich für den Tod anzusehen war — hätte den Tatbestand des Totschlages und der mit Syphilis experimentierende Arzt den einer fahrlässigen Gefährdung der körperlichen Sicherheit gesetzt.

Die Zulässigkeit von Experimenten, welche weder eine Ver= letzung noch eine wahrscheinliche Gefährdung des Organismus zur Folge haben, stellt kein Problem dar. Da in diesen Fällen kein Tatbestand einer strafbaren Handlung gegeben ist, liegt bei Ein= willigung der Versuchsperson eine vollkommen zulässige und straffreie Handlung vor. Sollte die Zustimmung fehlen, hätten unter Umständen die Strafbestimmungen über die Einschränkung der persönlichen Freiheit zur Anwendung zu kommen[98]).

Die Zulässigkeit von Experimenten, durch welche die objek= tive Tatseite einer Körperverletzung verwirklicht wird, hängt da= von ab, ob für solche Versuche ein Rechtfertigungs= oder Schuld= ausschließungsgrund gefunden werden kann.

Ist auch nach der Feststellung, daß ein menschliches Verhal= ten der objektiven Seite eines gesetzlichen Deliktstypus entspricht, vor allem die Frage der Rechtswidrigkeit zu prüfen, so soll hier zur besseren Abgrenzung der weiteren Untersuchung zuerst noch erwogen werden, ob nicht vielleicht Verletzungen, die durch Ex= perimente gesetzt wurden, aus Gründen, welche auf der Schuld= seite liegen, von Strafe frei und damit zulässig sind. Hier könnte insbesondere unter Hinweis auf die im § 152 StG. geforderte „feindselige Absicht" gefolgert werden, daß damit ein dolus colo= ratus normiert werde, der beim wissenschaftlichen Experimenta=

---

tor offenbar nicht vorliege, da er die Verletzung nicht als Ausfluß einer gegenüber der Versuchsperson empfundenen Feindschaft setze. Allein nach Lehre und Rechtsprechung ist unter der „feind= seligen Absicht" nichts anderes zu verstehen, als der Vorsatz, am Körper zu verletzen[99]); auch der Oberste Gerichtshof vertritt die Ansicht, daß sich die feindselige Absicht regelmäßig mit dem Ver= letzungsvorsatz decken wird[100]).

Die gleiche Auslegung ergibt sich aus einer Betrachtung der geschichtlichen Entwicklung dieser Gesetzesbestimmung. So lau= tete der dem heutigen § 152 entsprechende § 136 des Strafgesetzes aus dem Jahre 1803: „Wer jemanden in der Absicht, ihn zu be= schädigen, schwer verwundet . . . begeht ein Verbrechen." Mit Rücksicht auf den für die Verwirklichung der Deliktstypen der §§ 140 und 152 StG. ausreichenden dolus indirectus würde der Ausdruck „vorsätzlich" zu eng sein; es wurde vom Gesetzgeber des Jahres 1852 daher die Formulierung „feindselige Absicht" ge= wählt, wobei in diesem Falle der Begriff A b s i c h t gleichbedeu= tend mit Vorsatz schlechthin ist[101]).

Daß ein Experimentator bei der Durchführung eines Ver= suches die subjektiven Voraussetzungen auch der übrigen hier möglichen Deliktstypen (§§ 134, 335 StG. usw.) erfüllen kann, be= darf keiner weiteren Beweisführung, denn die Beurteilung seiner seelischen Einstellung zu seinem Verhalten wird durch den Zweck, zu welchem er tätig wird, nicht berührt[102]).

Volle Zurechnungsfähigkeit des Experimentators vorausge= setzt, können also aus der Tatsache allein, daß eine Verletzung oder Gefährdung eines Menschen im Rahmen eines E x p e r i= m e n t s vorgenommen wird, keine Schuldausschließungsgründe abgeleitet werden.

Die Zulässigkeit wissenschaftlicher Experimente steht und fällt demnach damit, ob für die mit solchen Versuchen verbun= dene Beeinträchtigung der körperlichen Integrität bzw. die Gefahr einer solchen Rechtfertigungsgründe gefunden werden können oder nicht.

Konnte bei der Heilbehandlung auf die Lebenserhaltungsten= denz des Staates zurückgegriffen und davon eine Rechtfertigung

---

[99]) A l t m a n n in A l t m a n n = J a k o b S. 366, R i t t l e r II, S. 20.
[100]) E. d. OGH. KH. 3961 und SSt. IV/94.
[101]) Vgl. dazu R i t t l e r I, S. 129.
[102]) „Der im allgemeinen menschenfreundliche oder rein wissenschaft= liche Zweck der Handlung verändert die strafrechtliche Natur der Handlung nicht; auch der Vorsatz des Täters wird dadurch nicht berührt." S t o o ß S. 81

dieses ärztlichen Handelns abgeleitet werden, so ist das beim wis=
senschaftlichen Experiment nicht möglich, denn hier liegt ja der
Handlung nicht ein unmittelbarer Heilungszweck, sondern ein an=
deres Ziel zugrunde. Es besteht daher auch Übereinstimmung,
daß solche Versuche von der Heilbehandlung streng zu unterschei=
den sind[103]). Wohl kann auch aus derartigen Experimenten ein
Gewinn für die Medizin oder andere Zweige der Wissenschaft re=
sultieren, der dann der Allgemeinheit zugute kommt. Eine Förde=
rung des allgemeinen Wohls tritt aber nicht uno actu mit dem
Experiment ein, nein, dieses ist sogar für die davon betroffene
Person abträglich und kann weder ihr selbst noch unmittelbar
einem anderen Menschen zum Vorteil gereichen.

Ist es somit ausgeschlossen, das wissenschaftliche Experiment
aus dem gleichen Grunde wie die Heilbehandlung für gerechtfertigt
anzusehen, so wäre es verlockend, hier unter Berufung auf ein
Recht auf freie Forschung die Zulässigkeit solcher Versuche als
gegeben zu erachten.

Daß selbst hervorragende Wissenschaftler den Bestand eines
Berufsrechts auf freie Forschung annehmen, zeigt das Sachverstän=
digengutachten, das vor einiger Zeit in einem vielbeachteten Pro=
zeß abgegeben wurde. Ein Chirurg hatte in einem von ihm her=
ausgegebenen weitverbreiteten Handbuch unter anderem die Pho=
tographie eines Mannes, dessen Stirne mit einem luetischen Ge=
schwür behaftet ist, unter voller Angabe der Krankheitsbezeich=
nung wiedergegeben. Das Lichtbild war ihm aus dem Archiv einer
Klinik zur Verfügung gestellt worden. Der also abgebildete Mann
strengte gegen den Chirurgen einen Schadenersatzprozeß an, in
dem er ausführte, daß durch diese Veröffentlichung ihm ein
schwerer Schaden zugefügt worden sei, da ihn wegen seiner
Krankheit seine Frau und viele seiner Geschäftsfreunde verlassen
hätten. Das Gericht holte ein Gutachten eines Professors der me=
dizinischen Fakultät ein, welcher die Meinung vertrat, die Ver=
öffentlichung der Photographie sei durch die damit bezweckte För=
derung der medizinischen Wissenschaft gerechtfertigt, denn ohne
Lichtbilder gäbe es keinen wissenschaftlichen Fortschritt. Diese
Stellungnahme überrascht, denn der Zweck wäre wohl kaum be=
einträchtigt worden, wenn auf dem Bild die Augen entsprechend
abgedeckt worden wären.

---

[103]) B a r S. 230, R i t t l e r I, S. 104, M a l a n i u k I, S. 136.

Tatsächlich kann auch weder die Verletzung der ärztlichen Verschwiegenheitspflicht in diesem konkreten Falle noch die Beeinträchtigung der körperlichen Integrität eines Menschen im Rahmen eines wissenschaftlichen Experiments unter Hinweis auf ein Berufsrecht auf freie Forschung gerechtfertigt werden. Ein solches Berufsrecht ist weder in Gesetzen, noch im Gewohnheitsrecht verankert. Zu letzterem fehlt vor allem die Rechtsüberzeugung, die in dieser Beziehung weder in der gesamten Ärzteschaft, geschweige denn in breiteren Volkskreisen besteht. Konnte schon für die Heilbehandlung nicht ein Berufsrecht der Ärzte als Rechtfertigungsgrund anerkannt werden, so ist es um so weniger möglich, ein solches Berufsrecht auf freie Forschung, bei welchem der Zweck die Mittel heiligt, zu konstruieren[104]).

Die entgegengesetzte Ansicht würde zu völlig untragbaren Ergebnissen führen. Es könnten dann unter Berufung auf den wissenschaftlichen Zweck als Rechtfertigungsgrund nicht etwa nur Körperverletzungen, sondern auch Diebstähle, Erpressungen usw. begangen werden. Wie aktuell und gleichzeitig wie abwegig es ist, strafbare Handlungen durch den wissenschaftlichen Zweck, der damit verfolgt wird, für gerechtfertigt anzusehen, zeigt die Handlung eines kürzlich herausgekommenen Films, in welchem ein Wissenschaftler sich durch die Verübung von Verbrechen die Mittel für seine Forschungen zu verschaffen sucht[105])!

Der wissenschaftliche Zweck, zu dem ein strafbarer Tatbestand gesetzt wird, kann für sich allein also die Handlung nicht rechtfertigen, er würde höchstens bei der Bemessung des Strafausmaßes innerhalb des gesetzlichen Strafrahmens Relevanz erlangen[106]).

Wenn daher für das wissenschaftliche Experiment überhaupt ein Rechtfertigungsgrund gefunden werden kann, dann müßte er aus dem mangelnden Interesse des Verletzten, nämlich aus der Einwilligung der Versuchsperson, abgeleitet werden.

---

[104]) Vgl. dazu die E. d. RG. vom 7. März 1924, I D 1010/23, angeführt bei S c h i e d e r m a i r S. 135. Über die richtige Beurteilung des rechtlichen Interesses an dem Fortschritt der Wissenschaft W o l f f 2, S. 30.

[105]) Vgl. die Besprechung des Films „Zyankali", Wiener Zeitung Nr. 120 vom 25. Mai 1948, S. 3.

[106]) Zur Frage der Annahme von Unrechtsminderungsgründen bei Vorliegen berücksichtigungswürdiger Motive G r a ß b e r g e r 1, S. 32.

3. Die Einwilligung der Versuchsperson als Rechtfertigungsgrund für das Experiment

Über die Wirkung der Einwilligung des Trägers des verletz=
ten Rechtsgutes besteht bei der Körperverletzung weitgehende
Meinungsverschiedenheit.

Schon Aristoteles lehrte ἀδικεῖται οὐδεὶς ἑκών [107]) und
das römische Recht wertete eine Körperverletzung als iniuria, für
welche der Satz galt „volenti non fit iniuria"[108]). Daraus wurde
auch für das moderne Recht gefolgert, daß die strafrechtlichen
Normen, die sich mit der Körperverletzung befassen, in erster
Linie im Interesse des einzelnen bestünden und daher die Ein=
willigung des Verletzten den Grund für eine Bestrafung wegfallen
ließe[109]).

Demgegenüber bezeugte Carpzov[110]), daß nach sächsi=
schem Gerichtsgebrauch auch Injurien ohne Rücksicht auf die
etwa vorliegende Verzeihung des Verletzten bestraft wurden, was
darauf hinweist, daß damals schon das öffentliche Interesse an der
Wahrung der körperlichen Integrität in den Vordergrund trat,
und Matthäus[111]) sieht unter Heranziehung des in den Digesten
freilich in einem anderen Zusammenhang vorkommenden Satzes
„nemo est dominus membrorum suorum" die Einwilligung des
Verletzten zu einer Körperverletzung als unerheblich an; daraus
ergibt sich, daß schon das Rechtsbewußtsein der damaligen Zeit
die römisch=rechtliche Ansicht nicht mehr teilte.

Die in späterer Zeit über die Wirksamkeit der Einwilligung
des Verletzten vertretenen Theorien unterscheiden sich im wesent=
lichen dadurch, ob als Ausgangspunkt für die Betrachtung das In=
dividuum oder die Allgemeinheit gewählt wird. Stellt der Gesetz=
geber vor allem darauf ab, welches Schutzinteresse der einzelne
Bürger hat, und tritt dabei der Schutzanspruch des Staates in den
Hintergrund, so wird die Rechtsordnung auf die Verfolgung einer
Tat, die auf Grund eines Verzichts des Rechtsgutsträgers gesetzt
wurde, weniger Gewicht legen als im umgekehrten Falle. Beson=

---

[107]) Vgl. Bar 2, S. 47.

[108]) Doch gab es auch hier Ausnahmen, so war z. B. die Kastration
streng verboten. Makarewicz S. 207.

[109]) Über die verschiedenen Theorien Binding 1, S. 729, und Bar 1,
S. 233 ff., Mezger 1, S. 239, und 2, S. 75, Schmidt S. 327 ff., Tho=
mas S. 550 ff., Bar 2, S. 52 ff., und Gerland S. 495 f.

[110]) Carpzov pract. rer. crim. qu. 96 n. 53 und 99 n. 63.

[111]) Matthäus de criminibus proleg. c. 3 n. 3.

ders deutlich kommt diese Einstellung bei der Inkriminierung des Selbstmordes zum Ausdruck. So hatte das individualistische Naturrecht im Zusammenhang mit der Französischen Revolution die Straflosigkeit des Selbstmordversuches im Gefolge, während in England, das die Auswirkungen der Revolution kaum zu spüren bekam, dessen Strafbarkeit weiter aufrecht erhalten wurde[112]).

Das geltende österreichische Strafrecht nimmt nun zur Frage, welche Wirkung der Einwilligung des Trägers des verletzten Rechtsgutes zukommt, an zwei Stellen ausdrücklich Stellung. § 4 StG. bestimmt ganz allgemein, daß Verbrechen auch an solchen Personen begangen werden, die ihren Schaden selbst verlangen oder zu demselben einwilligen, und § 139 a StG. erklärt eine selbst auf Verlangen der verletzten Person erfolgte Tötung für strafbar. Während diese letztere Gesetzesbestimmung eindeutig ist, trifft das auf die durch den § 4 StG. normierte Regelung nicht zu. Es besteht wohl weitgehende Übereinstimmung, daß sich die Unerheblichkeit der Einwilligung nur auf solche Fälle bezieht, in denen es sich um einen Angriff auf unveräußerliche Rechtsgüter, zu denen vor allem Leben und Gesundheit gehören, handelt.

Wenn auch schon vor vierzig Jahren behauptet wurde, diese Ansicht sei bereits aufgegeben[113]), so hat nach herrschender Lehre und Rechtsprechung die Einwilligung nur bei solchen Rechtsgütern Bedeutung, „die ihrem Wesen nach als Gegenstand eines rechtlichen Verkehrs veräußerlich sind, nicht aber bei jenen, deren sich der Mensch zwar entäußern kann, die sich aber rechtlich als unveräußerlich darstellen, weil deren Hingabe ihrer sittlichen Zweckbestimmung widerstreitet"[114]). Schon Z e i l l e r hat bei den Beratungen des Jahres 1797 ausdrücklich darauf hingewiesen, daß es gerade der Sinn des § 4 sei, die Einwilligung bei der Beeinträchtigung der körperlichen Integrität als irrelevant zu erklären[115]).

Auch die Tatsache, daß für die Tötung auf Verlangen ein eigener Tatbestand geschaffen wurde, während dies für eine Ver-

---

[112]) Dazu G e r l a n d S. 509, Anm. 1.

[113]) G e r l a n d S. 495.

[114]) Vgl. das Urteil im Strafprozeß Schmerz; R e u t e r 1, S. 42. Für das österreichische Zivilrecht wurde allerdings der Satz „volenti non fit iniuria" von mehreren Autoren ohne Einschränkung anerkannt; über die Folgerungen, die sich aus einer solchen Auffassung ergeben A d l e r S. 208. Dagegen W o l f f 2, S. 21 u. 59 f.

[115]) A l t m a n n in A l t m a n n = J a k o b S. 58. Schon der § 121 des Josefinischen Strafgesetzbuches lautete: „Wer jemanden aus böser Absicht an seinen Gliedern verstümmelt, sollte es auch auf Verlangen des Verstümmelten geschehen sein, ist eines Kriminalverbrechens schuldig."

letzung auf Verlangen nicht der Fall ist, darf nicht zu der Schlußfolgerung verleiten, daß mangels eines privilegierten Tatbestandes
die Verletzung auf Verlangen überhaupt straflos bleiben müßte.
Denn die Notwendigkeit für die Schaffung des § 139a StG. lag
offenbar darin, daß bei der Androhung einer absoluten Strafe, wie
sie für den Mord normiert ist, keine Möglichkeit besteht, dem verminderten Unrechtsgehalt einer auf Verlangen erfolgten Tötung
Rechnung zu tragen, während die Einwilligung zu einer Verletzung
immerhin bei der Ausmessung der Strafe berücksichtigt werden
kann[116]).

Für das mit einer Körperverletzung verbundene Experiment
am Menschen würde also nach dem Wortlaut des Gesetzes der
Einwilligung des Verletzten keine rechtliche Bedeutung zukommen, da hier ein Angriff auf ein unveräußerliches Rechtsgut
vorliegt.

Es ist jedoch streitig, ob sich die Geltung des § 4 StG. auf
leichte und schwere Körperverletzungen — also auf Übertretungen und Verbrechen — erstreckt oder ob sie nur auf die zuletzt
genannten beschränkt ist und somit eine Zustimmung zu einer
leichten Verletzung rechtlich beachtlich wäre.

Die Vertreter der letzteren Ansicht stützen sich darauf, daß
§ 4 StG. auf Grund seiner systematischen Einordnung in den
ersten Teil des Strafgesetzbuches grundsätzlich nur auf Verbrechen im technischen Sinne anzuwenden sei. Durch § 239 StG.
würden wohl einige Bestimmungen des ersten Teiles auch auf
Vergehen und Übertretungen anwendbar erklärt, es seien hier
aber ausdrücklich nur die §§ 5 bis 11 StG. angeführt, so daß die
Anwendung des § 4 auf Verbrechen beschränkt bleiben müsse[117]).

Demgegenüber wurde eingewendet, daß bei dieser Annahme
das Gesetz zu einer ganzen Gruppe wichtiger Tatsachen — Zurechnungsfähigkeit, Vorsatz, Irrtum, Notwehr und Notstand —
falls sie bei Vergehen und Übertretungen vorliegen, schweige; der
Gesetzgeber habe die Vorschriften der §§ 1 bis 4 StG. deshalb
nicht ausdrücklich auch auf Vergehen und Übertretungen anwendbar erklärt, weil diese Bestimmungen auf den bösen Vorsatz abgestellt seien und daher nicht ohne weiteres für den zweiten Teil
des Gesetzbuches übernommen werden konnten, sie seien aber
trotz der gesetzestechnischen Schwierigkeiten auch auf Vergehen

---

[116]) Vgl. dazu Z i m m e r l S. 319 und T a n z e r S. 417.
[117]) F i n g e r S. 619, M a l a n i u k I, S. 28 und 133; a. M. R i t t l e r I,
S. 105.

und Übertretungen anzuwenden[118]). Außerdem wurde die Meinung
vertreten, § 4 StG. sei eine aus § 1 StG. abgeleitete Schlußfolge=
rung, welche keine eigene Norm enthalte, und weil darin nur eine
Selbstverständlichkeit ausgedrückt werde, sei die im § 4 StG. ent=
haltene Regelung nicht in den zweiten Teil des Gesetzbuches auf=
genommen worden[119]); mit der sinngemäßen Anwendung des § 4
auf Vergehen und Übertretungen werde auch das Analogieverbot
nicht verletzt; da dadurch ja kein neuer Tatbestand geschaffen
würde, könne nach § 7 ABGB. vorgegangen werden[120]).

Schon diese kurze Gegenüberstellung der beiden Meinungen
zeigt, daß hier ein Fall der bekannten Schaukel zwischen Analogie
und Umkehrschluß vorliegt, der durch bloße logische Deduktion
nicht entschieden werden kann.

Ist aber eine Entscheidung unter Zuhilfenahme der Logik
nicht möglich, muß eine solche auf Grund rechtspolitischer Erwä=
gungen gesucht werden. Dabei ist insbesondere auch zu berück=
sichtigen, daß es sich bei unserem Strafgesetzbuch um ein fast ein=
hundert Jahre altes Gesetzgebungswerk handelt, von dem jedoch
die meisten Bestimmungen und gerade die des § 4 noch weiter
zurückreichen.

Im Hinblick auf die Dynamik des positiven Rechts, auf die
erstmalig schon H e r a k l i t hinwies[121]), bedarf es jedoch bei der
Anwendung so alter Gesetze einer Prüfung, ob nicht einzelne Be=
stimmungen mit den Interessen der heutigen Rechtsgemeinschaft
nicht mehr in Einklang stehen. Sollte das der Fall sein, müßte —
selbst wenn die Aufhebung oder Abänderung der veralteten Ge=
setzesbestimmung noch nicht erfolgt ist — bei der Rechtsanwen=
dung Abhilfe geschaffen werden[122]).

Die damit verbundene Auflockerung der Gesetzestreue[123])
muß wohl hingenommen werden, da die Rechtsordnung ja dem
Leben zu dienen hat und nicht umgekehrt das Leben an dem Ge=

---

[118]) S t o o ß S. 85.
[119]) A l t m a n n in A l t m a n n = J a k o b S. 684.
[120]) Über die Zulässigkeit eines Analogieschlusses vgl. H o r r o w 2, S. 77.
[121]) V e r d r o ß = D r o ß b e r g S. 33.
[122]) Vgl. dazu H o r r o w 3, S. 337.
[123]) B i n d i n g 3, S. 67: „Überlebt sich ein Gesetz, ohne daß es be=
seitigt ist, ergibt sich in ihm eine Lücke, ohne daß sie ausgefüllt wird, und
beruht die Untätigkeit des Gesetzgebers auf Impotenz, nicht auf dem Willen,
jenes Gesetz noch zu halten, so ist anzunehmen, daß er jene Beschränkung
nicht ferner respektieren, jene Verbote nicht ferner aufrechterhalten, viel=
mehr auf dem unvollkommeneren Wege der Bildung ungesetzten Rechtes die
Bedürfnisse der Rechtsweiterbildung befriedigen will."

setz zerbrechen darf. Einem Abgehen vom Buchstaben des Straf‹
gesetzes ist nur dort ein unwiderrufliches Halt entgegengesetzt,
wo per analogiam in malam partem ein menschliches Verhalten
neu inkriminiert werden soll. Aber gerade der Art. IV des Kund‹
machungspatentes, in dem der Grundsatz nulla poena sine lege
poenali verankert ist, schließt nicht die Anwendung von Gewohn‹
heitsrecht aus. Denn durch die Bestimmung, daß nur nach Maß‹
gabe des Strafgesetzes eine Bestrafung erfolgen kann, ist nicht
ausgeschlossen, daß ein Verhalten, welches wohl nach dem Gesetz
bestraft werden soll, aus einem besonderen Grunde — eben der
Desuetudo — n i c h t bestraft wird.

Wenn auch § 34 StPO. die Staatsanwälte zur Verfolgung der
ihnen bekannt gewordenen strafbaren Handlungen verhält, so ist
trotzdem die Möglichkeit gegeben, daß dabei das Gewohnheits‹
recht entsprechende Berücksichtigung findet oder daß es der Rich‹
ter, wenn es zu einer Anklage käme, seiner Entscheidung zu‹
grunde legt.

So wird denn auch die Beachtlichkeit des negativen Gewohn‹
heitsrechtes für das Strafrecht von Lehre und Rechtsprechung
anerkannt[124]). Als gewohnheitsrechtlich derogiert muß heute
namentlich der Tatbestand des § 122 d StG. — Religionsstörung
durch Verbreiten von Unglauben — und zum Teil wohl auch die
Bestimmung des § 302 StG., wonach sich jemand eines Vergehens
schuldig macht, der zu feindseligen Parteiungen zwischen einzel‹
nen Gesellschaften, Klassen oder Ständen zu verleiten sucht, an‹
gesehen werden. Andere, inzwischen schon aufgehobene Gesetzes‹
normen, waren bereits vor ihrer formellen Derogation obsolet ge‹
worden und dem formalen Akt der Aufhebung kam nur die Be‹
deutung der Bestätigung eines bereits gegebenen Faktums gleich.
Dieser Fall lag z. B. bei § 429 StG. — Bestellung eines der Polizei
nicht vorgestellten Fuhrknechtes — oder § 454 StG. — Reisen
mit Fackeln durch Wälder und Ortschaften — vor.

Allerdings darf die Entscheidung, ob eine Gesetzesbestimmung
durch negatives Gewohnheitsrecht derogiert ist, erst nach reif‹
licher Überlegung gefällt werden. Das Gewohnheitsrecht kann
nicht als deus ex machina auftreten, nur um dogmatische Streit‹
fragen, die durch Systemwidrigkeiten des Gesetzgebers entstan‹
den sind, zu einer Lösung zu bringen[125]). Die Desuetudo darf auch

---

[124]) R i t t l e r I, S. 21, H o r r o w 3, S. 337, R o b i n s o n S. 79, B i n‹
d i n g 3, S. 67.

[125]) Vgl. dazu Z i m m e r l S. 246.

nicht mit dem „gesunden Volksempfinden" unguten Gedenkens verwechselt werden, um dort, wo der klare Wortlaut des Gesetzes dagegen spricht, zu einer genehmen Entscheidung zu kommen, ohne daß tatsächlich eine Derogation vorläge.

Auch bei der vorliegenden Untersuchung sind wir erst nach der Erkenntnis der Unmöglichkeit einer mit Hilfe der Logik zu treffenden Entscheidung, auf welche Kategorien strafbarer Handlungen § 4 StG. anzuwenden ist, auf die Frage nach einer möglichen Derogation gestoßen. Es ist daher bei den weiteren Überlegungen besondere Sorgfalt geboten, soll nicht in die gebotene Objektivität der subjektive Wunsch nach einer billigen Lösung einfließen.

Die Rechtsüberzeugung hinsichtlich der Gefährdung und Verletzung der Körperintegrität eines Menschen hat seit dem Inkrafttreten des derzeitigen österreichischen Strafgesetzbuches bedeutsame Änderungen erfahren. Diese Änderungen stehen nicht zuletzt mit der Entwicklung der modernen Technik im engen Zusammenhang. Die erhöhte Intensivierung und Schnelligkeit auf allen technischen Gebieten hatte naturgemäß eine vergrößerte Gefahr für den menschlichen Organismus im Gefolge.

Zur Veranschaulichung diene ein Vergleich der Verkehrs- und Beleuchtungsverhältnisse um die Mitte des vorigen Jahrhunderts und heute. Wenn der damalige Gesetzgeber in dem heute schon aufgehobenen § 427 StG. eine besondere Strafdrohung gegen das schnelle Fahren und Reiten normierte, wie würde er sich zu einem modernen Großstadtverkehr äußern mit der durch seine Schnelligkeit verbundenen Gefährdung der Verkehrsteilnehmer, wobei noch die Bewegung der Fahrzeuge das Resultat einer Kette von Explosionen ist! Was wäre seine Meinung über die Versorgung der Haushalte mit dem giftigen Stadtgas oder der bei unsachgemäßer Hantierung so gefährlichen Elektrizität!

Es entspricht aber den heutigen Lebensgewohnheiten, daß die erhöhten Gefahren einer Verletzung in Kauf genommen werden; dem modernen Menschen wäre ein Verzicht auf die Errungenschaften der Technik einfach undenkbar, um so undenkbarer unter Berufung auf die damit verbundene erhöhte Gefahr für das Leben und die Gesundheit.

Mit dieser Änderung der Einstellung zu einer Gefährdung bzw. Verletzung der körperlichen Integrität trat auch eine Verschiebung in der Beurteilung einer Gefährdung und Verletzung mit Zustimmung der verletzten Person ein.

Hier zeitigte insbesondere die intensivierte Sportausübung ihre Wirkungen. Bei jedem Kampfsport ist eine Verletzung der Partner in den Bereich der Möglichkeit gerückt. Tritt auch in den meisten Fällen eine Körperbeschädigung nur als Nebenerscheinung auf — wie etwa bei einem Fußballspiel, bei dem es nur um den Besitz des Balles geht, wobei im Kampf um diesen Besitz als Nebenfolgen Verletzungen auftreten können — so gibt es doch Sportarten, die von vornherein nur auf die gegenseitige Zufügung einer Beeinträchtigung der Körperintegrität der Gegner abgestellt sind. Während also beim Fußballspiel vor allem f a h r l ä s s i g e Beschädigungen der Spieler untereinander möglich sind, ist die A b s i c h t des Boxers nur darauf gerichtet, seinem Gegner körperlich so zuzusetzen, daß er entweder kampfunfähig wird, den Kampf vorzeitig aufgibt, oder daß er so viele Schläge wie nur möglich abbekommt, damit es wenigstens für einen Sieg nach Punkten ausreicht.

In solchen Fällen, bei denen als Rechtfertigungsgrund lediglich die Zustimmung der verletzten Person ins Treffen geführt werden kann, liegt wohl eine lückenlose Einhelligkeit der Rechtsgemeinschaft vor, daß ein derartiges Verhalten, soferne es nicht gegen die guten Sitten verstößt, nicht strafbar sein kann; wird doch auch der Boxsport von öffentlichen Institutionen gefördert.

Sollte also ursprünglich der § 4 StG. auch auf Übertretungen — nämlich auf die Gefährdung und leichte Verletzung der Körperintegrität einer Person — anwendbar gewesen sein, so wäre diese Möglichkeit durch langjährige gewohnheitsmäßige Rechtsübung weggefallen.

Sehen wir als Gewohnheitsrecht einen Satz an, der als Ausdruck der Rechtsüberzeugung des Volkes[126]), in langzeitiger Übung als Recht angewendet wird, so muß mutatis mutandis eine Norm, deren Übertretung in der Rechtsüberzeugung des Volkes schon lange Zeit hindurch nicht als Unrecht gewertet wird, als per desuetudinem derogiert betrachtet werden.

Der Bestand eines derartigen Gewohnheitsrechtes ist auch in jenen Fällen ersichtlich, in denen eine Person zugunsten einer anderen eine Beeinträchtigung der Körperintegrität erleidet, vor allem bei einer Bluttransfusion oder Hauttransplantation. Es werden solche Eingriffe wohl im Rahmen einer Heilbehandlung vorgenommen, die Tatsache der Heilbehandlung ist aber nicht hinsichtlich der abgebenden Person — also des Blutspenders — ge-

---

[126]) Über die communis opinio necessitatis G r a ß b e r g e r 2, S. 82.

geben, sondern eine Heilbehandlung liegt nur für den Kranken, dem Hilfe gebracht werden soll, vor. Denn alles, was oben über die Heilbehandlung ausgeführt wurde, trifft nur auf ihn zu, nur er erfährt gleichzeitig und durch den Eingriff eine Förderung seines Organismus. Der abgebende Teil erleidet eine Verletzung, der in seiner Person keine Förderung der Gesundheit gegenübersteht. Es ist aber das Merkmal der Heilbehandlung, daß die Gefährdung durch die Krankheit und die Verletzung infolge des Eingriffes an einem und demselben Organismus gegeben sind.

Es kann hier also nicht die Heilungstendenz des Staates, sondern nur die Einwilligung des Verletzten als Rechtfertigungsgrund geltend gemacht werden[127]). Sollte darüber noch ein Zweifel bestehen, wird er wohl durch die Überlegung zerstreut, wie die Lage ist, wenn einer Person Blut zum Zwecke einer Bluttransfusion entnommen wird, ohne daß sie dazu ihre Einwilligung erteilt hat. Läge hier tatsächlich eine Heilbehandlung vor, hätte der § 499 a zur Anwendung zu kommen, dessen Strafsatz dem Unrechtsgehalt der Tat aber keineswegs entsprechen würde. So ist also auch in diesen Fällen die Einwilligung des Verletzten in der Rechtsüberzeugung als Rechtfertigungsgrund anerkannt.

Zu klären bleibt jedoch noch, wie weit der Kreis der Körperverletzungen, bei welchen durch die Einwilligung des Verletzten die Rechtswidrigkeit dahinfällt, reicht. Kann auch das mit Zustimmung der verletzten Person erfolgte Zufügen schwerer Verletzungen, welche die Qualifikationen der §§ 152 ff. StG. aufweisen, als gerechtfertigt angesehen werden oder ist das im vorhergehenden aus dem Gewohnheitsrecht erschlossene Ergebnis auf leichte Verletzungsfolgen beschränkt?

Wenn hier das letztere angenommen wird, mag diese Stellungnahme vielleicht nicht unbestritten bleiben, sie kann sich aber auf sehr deutliche Äußerungen des Mißfallens breiter Kreise billig und gerecht Denkender über weitgehendere Verletzungen stützen, die es ausgeschlossen erscheinen lassen, schwere Verletzungsfolgen — mag auch eine Zustimmungserklärung des Verletzten vorliegen — gewohnheitsrechtlich als gerechtfertigt zu betrachten.

---

[127]) Vgl. dazu B ü d i n g e r 1, S. 62. Bei Vorliegen der entsprechenden Voraussetzungen könnte die Verletzung einer Person zur Rettung eines anderen Menschen auch als Notstandshandlung angesehen werden. Es wird jedoch kein Arzt eine Bluttransfusion ohne Einwilligung des Blutspenders vornehmen. Der Einwilligung des Verletzten kommt also in diesen Fällen eine solche Bedeutung zu, daß die Zulässigkeit der betreffenden Maßnahme auf jeden Fall auf die Zustimmung der verletzten Person gestützt werden kann.

Eine Rechtsüberzeugung etwa der Art, daß die Einwilligung des Verletzten auch dann, wenn von vornherein ein schwerer Verletzungserfolg vorausgesehen wird, die Strafbarkeit ausschließt, besteht absolut nicht. Dies hat nicht zuletzt die Reaktion der breiten Öffentlichkeit beim Bekanntwerden der Massenexperimente aus der jüngsten Vergangenheit bewiesen.

Eine vielsagende Illustration hiefür gab auch ein Leserbrief, der in der Zeitschrift „Heute" veröffentlicht wurde. Dieses Blatt hatte von einer Operation berichtet, bei der in einer Irrenanstalt das Gehirn einiger hoffnungslos Geisteskranker freigelegt und gewisse Zentren durchtrennt worden waren. Nach dem Bericht wurden als Folge des Eingriffes die geistigen Störungen immer seltener und die Kranken konnten sogar in ihre Familien zurückkehren[128]). Offenbar beeindruckt von der Schwere des Eingriffes zog ein Leser zwischen diesen Operationen und den ihm durch Gerichtssaalberichte bekannten Experimenten der jüngsten Vergangenheit eine Parallele und fragte die Redaktion der Zeitschrift in einem Brief, wie dieser Eingriff mit den Grundsätzen der Menschlichkeit in Einklang zu bringen sei[129]). Die Antwort, welche ihm daraufhin erteilt wurde, vermag allerdings nicht zu befriedigen. Denn neben einer Aufstellung über die Mortalitätsziffern der Gehirnoperation sah die Redaktion das wichtigste Kriterium darin, daß zu der Gehirnoperation die Zustimmung der Patienten bzw. deren Angehörigen erteilt worden war. Der wesentliche Unterschied liegt jedoch darin, daß es sich im vorliegenden Falle um eine Heilmaßnahme gehandelt hat, während die Versuche, auf welche der Leser anspielte, höchstens als wissenschaftliche Experimente zu bezeichnen sind, bei denen der von vornherein sichere Eintritt schwerwiegender Folgen selbst dann nicht gerechtfertigt ist, wenn die Zustimmung der Versuchsperson vorliegt. Wir sehen aber aus dieser Äußerung eines Lesers, wie empfindlich das Rechtsbewußtsein jeder weitgehenderen Beeinträchtigung der körperlichen Integrität gegenüber ist.

Ein Ausschluß der Strafbarkeit bei einer mit Zustimmung gesetzten, von vornherein aber auf einen schwereren Erfolg abgestellten Körperverletzung widerspräche auch der Verpflichtung des Staates, in Erfüllung seiner Aufgabe den ihm unterstellten Bürgern einen entsprechenden Schutz angedeihen zu lassen. Denn wenn auch durch die Einwilligung des Verletzten der Schutzan-

---

[128]) Zeitschrift „Heute" Nr. 40 vom 15. Juli 1947, S. 12.
[129]) Ebenda Nr. 42 vom 15. August 1947, S. 27.

spruch des Rechtsgutträgers beseitigt wird, so bleibt trotzdem das Schutzinteresse der Allgemeinheit bestehen[130]). Mit der Einwilligung gibt der einzelne wohl zu erkennen, daß er in seiner Machtsphäre nicht mehr geschützt werden will, das bedeutet aber nicht, daß auch das Interesse der Allgemeinheit auf jeden Fall wegfällt; es muß dort weitervertreten werden, wo die Verletzung einen gewissen Grad übersteigt, wo eben bewußt eine schwere Schädigung des Organismus mit ihren auch für das Volksganze nachteiligen Folgen hervorgerufen werden soll.

Aus vereinzelt uns zugekommenen Veröffentlichungen können wir allerdings entnehmen, daß eine so strenge Auffassung nicht in allen Ländern besteht[131]). Oft wird nur darauf abgestellt, ob der Verletzte seine Einwilligung zu der Körperbeschädigung erteilt hat, ohne daß die zu erwartenden Verletzungsfolgen berücksichtigt werden.

So wirft Kenneth Mellanby den Ärzten, welche in Konzentrationslagern Experimente an Menschen vorgenommen haben, nicht etwa die Schwere der zugefügten Verletzungen, sondern die Tatsache vor, daß ihre Versuchspersonen nicht die willigen Mitarbeiter, die als Freiwillige an so vielen Versuchen in England, Australien und Amerika teilgenommen haben, waren[132]). Slawentator berichtet über Versuche im Leningrader Pasteur-Institut mit Abdominaltyphusbazillen, wobei sich zwei Ärzte gegenseitig Typhuserreger injizierten. Schließlich wird in einem Bericht der Zeitschrift der American Medicine Association darauf hingewiesen, welchen Fortschritt die medizinische Wissenschaft durch Experimente an Freiwilligen genommen hat. Dabei wird erwähnt, daß während des Krieges viele Soldaten, welche freiwillig an Versuchen mit Malaria, Influenza und anderen Infektionskrankheiten teilgenommen haben, gestorben sind. Weitere dort angeführte Versuche, die mit Pellagra an Häftlingen in Mississippi angestellt wurden, erwecken allerdings Bedenken auch in anderer Beziehung, da die Zustimmung von Gefangenen ein sehr problematisches Faktum darstellt.

---

[130]) Vgl. Malaniuk I, S. 132, Anm. 5a.

[131]) Für die UdSSR. Slawentator, Österreichische Zeitung vom 14. Juni 1947, Nr. 134, S. 4; für England Kenneth Mellanby S. 150; für die USA. „The Journal of the American Medicine" Vol. 132, pag. 714.

[132]) Mellanby S. 150: „... then the victims of the experiment were not the willing cooperators who have taken part in so many experiments in this country, in Australia and in America."

Schon diese kurzen Berichte zeigen, daß Einwirkungen mit Zustimmung der verletzten Person verschiedentlich nicht nur bei gewollt leichten Verletzungsfolgen als zulässig angesehen werden.

Auch der § 226 a des deutschen Strafgesetzbuches, der wohl im Jahre 1935 in Kraft trat, aber nicht typisch nationalsozialistisches Gedankengut enthält[133]) und somit auch heute noch beachtlich ist, zeigt keine Beschränkung hinsichtlich der Schwere der Verletzung. Eine solche könnte höchstens aus dem Erfordernis, daß die Tat nicht gegen die guten Sitten verstoßen darf, angenommen werden. So kommentiert auch S c h w a r z diese Gesetzesbestimmung dahin, daß es weniger auf die Sittlichkeit der Einwilligung, sondern darauf ankommt, ob vorzugsweise das öffentliche Interesse oder das des Verletzten in Frage steht[134]). Nun ist aber anzunehmen, daß bei zunehmender Schwere der Verletzung auch das Interesse des Staates an dem Unterbleiben der Körperbeschädigung immer mehr an Gewicht gewinnt und damit auch der schwerere Eingriff in die Körperintegrität unzulässig wird.

Aber was dann, wenn eine Person wohl zu einer leichten Körperverletzung ihre Einwilligung gegeben hat, die Versuchshandlung auch nur auf das Zufügen einer solchen abgestellt war, durch Häufung widriger Umstände, die aber immerhin noch im Rahmen des Kausalzusammenhanges liegen, ein schwererer Verletzungserfolg eintritt?

So kommen z. B. sowohl beim Fußballspiel als auch beim Boxen nicht selten schwere Körperverletzungen vor, bei letzterem wacht mitunter der ausgezählte Kämpfer überhaupt nicht mehr aus der Bewußtlosigkeit auf und auch bei einer Bluttransfusion kann es zu einem Kollaps des Blutspenders kommen.

Es könnte in solchen Fällen vielleicht eine Haftung nach § 140 oder § 152 StG. vermutet werden unter der Annahme, daß es für die Verwirklichung dieser Delikte ja genügt, wenn der normierte Tatbestand vorliegt, mag auch der Handelnde seinen Vorsatz nur auf die Zufügung einer leichten Körperverletzung gerichtet haben; er darf auch gar nicht die schweren Folgen bedacht und beschlossen haben, da sonst überhaupt die Bestimmungen der §§ 134 bzw. 155 a anzuwenden wären.

---

[133]) § 226a dStGB. lautet: „Wer eine Körperverletzung mit Einwilligung des Verletzten vornimmt, handelt nur dann rechtswidrig, wenn die Tat trotz der Einwilligung gegen die guten Sitten verstößt."

[134]) S c h w a r z S. 349. Über den Begriff der guten Sitten siehe unten S. 68.

Dabei würde jedoch übersehen, daß die Beurteilung einer Handlung als Verbrechen vom Vorliegen eines „bösen Vorsatzes" abhängt, ein solcher aber bei einem Experimentator, der nur mit leichten Verletzungsfolgen rechnet, nicht gegeben ist, da er überhaupt keine verbotene Tat beschlossen, sondern nur etwas gewollt hat, das nach den obigen Ausführungen durch die Zustimmung der verletzten Person seine Rechtfertigung erfährt. Es liegt also hier gar kein „versari in re illicita" vor, woraus sich nach der Lehre über den dolus indirectus auch eine Haftung für einen weitgehenderen Erfolg ableiten ließe.

Hat die genaue Prüfung der Folgen des Experiments ergeben, daß keine schwerwiegende Verletzung eintreten wird, und ergibt sich durch unvorhergesehene Umstände eine solche dann doch, so ist der Experimentator auch nicht wegen Fahrlässigkeit strafbar. Anders jedoch, wenn dem Experimentator bei der Prognosestellung ein unentschuldbarer Irrtum unterlief, dann ist nach den über die Fahrlässigkeit entwickelten Grundsätzen vorzugehen.

Zwei Beispiele sollen dies verdeutlichen. Im Zuge eines wissenschaftlichen Experiments ist es notwendig, der Versuchsperson einen belanglosen Schnitt an der Hand zu versetzen. Die sorgfältige Prognose der Folgen dieses Versuches ergibt, daß mit Bestimmtheit nur eine leichte Verletzung daraus resultieren wird. Das Experiment wird vorgenommen und trotz aller antiseptischen Maßnahmen und Kautelen tritt eine schwere Infektion auf, der die ganze Hand zum Opfer fällt. Der Experimentator ist weder eines vorsätzlichen, noch eines fahrlässigen Deliktes schuldig.

In einem zweiten Fall soll zur Erprobung eines Gasgemisches ein Experiment am lebenden Menschen durchgeführt werden. Der Experimentator stellt nur flüchtig die Prognose und kommt zu dem Schluß, daß eine leichte Gesundheitsstörung eintreten werde. Tatsächlich stellt sich als Folge eine schwere Vergiftung mit langer Krankheit der Versuchsperson ein. Eine Überprüfung des ganzen Versuches ergibt, daß dem Experimentator bei pflichtgemäßer Prüfung von vornherein das Eintreten der schwerwiegenden Folgen hätte klar sein müssen. Der Experimentator haftet wegen Fahrlässigkeit. Ist jedoch seine Verantwortungslosigkeit bei der Prüfung der Folgen so weit gegangen, daß er auch den schweren Erfolg in Kauf genommen hat (dolus eventualis), besteht Strafbarkeit wegen des Verbrechens der schweren Körperbeschädigung.

Nach der grundsätzlichen Prüfung, welche rechtliche Bedeutung der Einwilligung des Verletzten zu einer gegen ihn gerichteten Körperbeschädigung zukommt, ergibt sich somit für unsere eigentliche Frage das Ergebnis:

**Das wissenschaftliche Experiment am leben=
den Menschen ist zulässig, wenn es nicht gegen
die guten Sitten verstößt, die Einwilligung der
betreffenden Versuchsperson vorliegt und nach
den allgemein anerkannten Regeln der ärzt=
lichen Kunst und dem gegenwärtigen Stande der
medizinischen Wissenschaft kein schwererer
Erfolg als eine leichte Körperverletzung zu er=
warten ist; mag auch in einem Ausnahmefall
trotz kunstgerechtem Vorgehen dann doch eine
schwerwiegendere Beeinträchtigung der Kör=
perintegrität eingetreten sein.**

4. Die Voraussetzungen für die Zulässigkeit

a) Die Vereinbarkeit mit den guten Sitten

Bei der Besprechung der für das Experiment am Menschen
notwendigen Voraussetzungen ist vor allem auf das Erfordernis
der Vereinbarkeit mit den guten Sitten einzugehen. Dabei ist der
Begriff der „guten Sitten" nach herrschender Lehre nicht gleichzu=
setzen mit moralischen Grundsätzen oder Bräuchen, denn diese
haben für sich allein ebenso wenig rechtsetzende Gewalt wie dies
bereits hinsichtlich der ärztlichen Ethik dargelegt wurde. Als nicht
im Einklang mit den guten Sitten stehend, muß vielmehr angesehen
werden, „was offenbar widerrechtlich ist, ohne gegen ein ausdrück=
liches gesetzliches Verbot zu verstoßen"[135]).

Mit Rücksicht darauf, daß das grundsätzliche Verbot einer
Körperverletzung nicht nur im Interesse des eigentlichen Rechts=
gutträgers besteht, sondern — wie bereits ausgeführt — auch die
Allgemeinheit an der Erhaltung der Gesundheit jedes einzelnen
Bürgers interessiert ist, kann es ihr auch bei einer durch die Ein=
willigung des Verletzten straflos werdenden Beeinträchtigung der
Körperintegrität nicht gleichgültig sein, zu welchen Zwecken und
unter welchen Umständen diese Verletzung vorgenommen wird.

Es kann daher die Zufügung einer leichten Verletzung trotz der
Zustimmung des Verletzten nur dann als zulässig betrachtet werden,
wenn der mit der Verletzung verbundene Nachteil nicht vollkommen

---

[135]) G s c h n i t z e r S. 183; weitere Ausführungen bei W o l f f 1, S. 212
und 2, S. 41.

nutzlos hervorgerufen wird und jedenfalls auf das unbedingt not=
wendige Ausmaß beschränkt bleibt.

Man mag hier einwenden, daß wir bei der Beurteilung der
Einwilligung des Verletzten von der Ausübung gewisser Sport=
arten ausgegangen sind und es gerade in diesen Fällen zweifelhaft
sein könnte, ob die oben aufgestellten Forderungen auch bei der
Sportausübung erfüllt werden. Ein solcher Einwurf ginge jedoch
fehl. Es bedarf keiner langen Rechtfertigung des Sports, um seine
Vorteile für die mit ihm verbundene physische und psychische
Entspannung und Ertüchtigung aufzuzeigen. Daß der Sport wert=
vollen und zu fördernden Zwecken dienen kann, wird besonders
dort fühlbar, wo diese Zwecke fehlen. Denn dann — etwa bei
Freistilringkämpfen zur bloßen Befriedigung der Sensationslust der
Zuschauer — kommt es der Rechtsgemeinschaft sehr bald zum Be=
wußtsein, daß etwas nicht in Ordnung ist, und es werden Forderun=
gen auf Abstellung solcher Mißstände erhoben.

Was zunächst den Zweck, zu dem die Verletzung vorgenom=
men wird, betrifft, so ist er für das Experiment mit der Förderung
wissenschaftlicher Erkenntnisse begrenzt. Das wissenschaftliche
Motiv muß aber auch tatsächlich vorliegen; es geht nicht an, zur
Erreichung eines perhorreszierten Erfolges die darauf abzielende
Handlung unter dem Vorwand eines wissenschaftlichen Experi=
mentes vorzunehmen. So bleibt etwa ein Eingriff, welcher der indi=
kationslosen Sterilisation eines Menschen dient, auch dann rechts=
widrig, wenn er angeblich zu wissenschaftlichen Zwecken vorge=
nommen wird.

Zur Erfüllung der Forderung, daß sich die aus dem Experi=
ment ergebenden Folgen auf ein möglichst geringes Ausmaß be=
schränken müssen, ist es vor allem notwendig, daß das Subjekt
der Versuche eine entsprechende Qualifikation aufweist. Denn
nur dann wird das Experiment zweckmäßig durchgeführt, die
Auswirkungen abgeschätzt und in vertretbaren Grenzen gehalten
werden können. Abgesehen von vollkommen harmlosen Versuchen
können daher für den Experimentator keine geringeren Anforde=
rungen als bei der Heilbehandlung gestellt werden.

Es wird also ein Experiment am Menschen nur von einem
Arzt (wobei es auf das formelle Moment der Approbation nicht
ankommt) oder unter dessen unmittelbarer Aufsicht vorgenommen
werden dürfen. Lediglich ein Arzt ist auf Grund seiner Ausbildung
und Erfahrung imstande, die möglichen Verletzungen von vorn=
herein abzuschätzen und entsprechend zu kontrollieren.

Eine weitere Qualifikation — daß etwa derjenige, welcher das Experiment durchführt, Hochschullehrer oder Klinikvorstand sein müsse — wird nicht zu fordern sein. Ein Forschungsmonopol kann eben nicht errichtet werden; andernfalls wäre so manche Heil= methode, auf die ein „Außenseiter" gestoßen ist, heute noch unbe= kannt und es würde auch die Handlungsfreiheit der Ärzte stark eingeschränkt werden[136]). Allerdings muß der Arzt die zur Durch= führung des Experiments notwendigen Fertigkeiten besitzen. Aber das ist selbstverständlich und gilt ebenso für jede Heilbehandlung. Es kann auch nicht etwa ein Internist, der über keine Erfahrung in größeren chirurgischen Eingriffen verfügt, zur Ausführung einer komplizierten Operation schreiten[137]).

Für eine möglichst weitgehende Schonung der Versuchsperson wird es auch notwendig sein, die Versuchsanordnung in einer Weise zu treffen, die u n n ö t i g e Schädigungen und Gefährdun= gen der Versuchsperson ausschließt.

So muß etwa bei Belastungsproben von einem niederen Wert ausgegangen werden, der für den Organismus auf jeden Fall noch erträglich ist, und von da aus kann erst eine vorsichtige Steige= rung der Beanspruchung erfolgen.

Auch Versuche, welche die Erforschung von Ausfallserschei= nungen bei verminderter Nahrungsmittel= oder Wasserzufuhr zum Gegenstand haben und die in der jüngsten Vergangenheit mit so vielen Qualen für die Versuchspersonen verbunden waren, können — wie verschiedene Berichte bestätigen[138]) — in einer schonen= den Form vorgenommen werden.

Der Experimentator muß sich auch darüber im klaren sein, was er letzten Endes mit dem Experiment bezweckt. So mögen etwa Versuche mit lang andauernder Unterkühlung wohl eine be= stimmte Zeit feststellen lassen, bis zu der ins Meer abgestürzte

---

[136]) Nach einer Anweisung der preußischen Unterrichtsverwaltung aus dem Jahre 1900 durften Versuche am Menschen nur von Vorstehern der Krankenanstalten selbst oder mit deren besonderer Genehmigung durchge= führt werden. B a r 1, S. 250.

[137]) Hierüber W ö l f l e r = D o b e r a u e r S. 675 ff.

[138]) Vgl. dazu The Times Weekly Edition, June 23d 1948, pag. 13. „Three Royal Marines, who have volunteered to live at sea for seven days on a diet of water, condensed milk and boiled sweets, put out from St. Ives, Corn= wall, on Thursday in a 16 ft. open boat. The object of the experiment is to help doctors and naval experts to study the reactions of airmen and sailors forced down into the sea or shipwrecked so that they may advice the autho= rities on any improvements that may be necessary in the standard emergency packs provided in lifeboats and rubber dinghies."

Flieger am Leben bleiben können. Diese Erkenntnis ist aber mehr von theoretischer als von praktischer Bedeutung, weil für die Praxis die wichtige Frage beantwortet werden muß, wie lange ein Mensch unter ungünstigen Bedingungen a k t i o n s f ä h i g bleibt — aber nicht, ob man ihn, wenn er einmal ohnmächtig geworden ist, wieder zum Bewußtsein bringen kann. Denn ist der im Wasser treibende Mensch einmal so weit, daß er das Bewußtsein verliert, dann nützt ihm auch wahrscheinlich seine Rettungsausrüstung nichts, weil er mit dem Kopf unter die Wellen gerät und ertrinkt. Die Gefährdung der Versuchsperson ist aber natürlich viel geringer, wenn das Experiment nur bis zur Aktionsunfähigkeit der Versuchsperson fortgeführt wird als wenn der Experimentator den Versuch bis zur Bewußtlosigkeit des Opfers andauern läßt.

Neben einer zweckentsprechenden Versuchsanordnung kommen für die Schonung der Versuchsperson auch V o r v e r s u c h e n a n T i e r e n Bedeutung zu. Die Vivisektion hat wohl erbitterte Gegnerschaft gefunden, die Wissenschaft wird aber ohne sie nicht auskommen können; es wäre auch unverantwortlich, Versuche an Menschen dort auszuführen, wo Tierexperimente genügen würden. Selbst Vorkämpfer der Tierschutzgesetzgebung müssen zugestehen, daß ein allgemeines gesetzliches Verbot der Tierversuche nicht gefordert werden könne[139]). Dies auch deshalb nicht, weil bei sachgemäßem Vorgehen eine Quälerei der Versuchstiere weitgehend ausgeschaltet ist.

P a s t e u r betonte, daß er um des bloßen Tötens willen kein Tier töten könne und ein Feind der Jagd sei. Wenn es aber auf die Gewinnung neuer Erkenntnisse zum Wohle der Menschheit ankomme, schrecke er nicht zurück, Schafe mit Milzbrand, Hunde mit Tollwut usw. zu infizieren, selbst auf die Gefahr hin, daß die Versuchstiere zugrunde gehen müssen. Wenn E i s e l s b e r g Dreiviertel unserer Kenntnisse über Physiologie und Pathologie auf den Tierversuch zurückführt, so ergibt sich schon daraus dessen Bedeutung für die Wissenschaft[140]).

H i p p e l[141]) bezeichnet die Vivisektion als rechtmäßig, wenn sie von wissenschaftlich gebildeten Personen zu ernsten wissenschaftlichen Zwecken innerhalb der gebotenen Grenzen ausgeübt wird und insbesondere unnötige Schmerzen vermieden werden.

Ein Erlaß des preußischen Kultusministeriums aus dem Jahre 1885, der an die medizinischen Fakultäten erging, und wenn er

---

¹³⁹) M e l k u s S. 75.
¹⁴⁰) E i s e l s b e r g S. 490.
¹⁴¹) H i p p e l S. 248, vgl. dazu auch B i n d i n g 1, S. 801.

auch in einigen Forderungen — insbesondere Ziffer 4 — zu über=
spitzt ist, in diesem Zusammenhang auch heute noch von Inter=
esse erscheint, forderte:

1. Versuche an lebenden Tieren dürfen nur zu ernsten For=
schungs= oder Unterrichtszwecken vorgenommen werden.

2. In den Vorlesungen sind diese Versuche nur in dem Maße
statthaft als dies zum vollen Verständnis des Vorgetragenen not=
wendig ist.

3. Die operative Vorbereitung zu den Vorlesungsversuchen
ist in der Regel noch vor Beginn der eigentlichen Demonstration
und in Abwesenheit der Zuhörer zu bewerkstelligen.

4. Tierversuche dürfen nur von den Professoren oder Dozen=
ten oder unter deren Verantwortung ausgeführt werden.

5. Versuche, welche ohne wesentliche Beeinträchtigung des
Resultats an niederen Tieren gemacht werden können, dürfen nur
an diesen und nicht an höheren Tieren vollzogen werden.

6. In allen Fällen, in welchen es mit dem Zweck des Versuches
nicht schlechterdings unvereinbar ist, müssen die Tiere vor dem
Versuch durch Anästhetika vollständig und in nachhaltiger Weise
betäubt werden[142]).

Die bereits einmal erwähnte Verordnung des Bundesministe=
riums für soziale Verwaltung vom 2. April 1948 beschäftigt sich
auch mit bakteriologischen Kulturen= und Tierversuchen, bei denen
mit Erregern von Infektionskrankheiten, die auf den Menschen
übertragbar sind, gearbeitet wird, und beschränkt die Durchfüh=
rung solcher Versuche auf Anstalten, die entweder mit Zustim=
mung des Sozialministeriums errichtet wurden oder welche für die
Versuche eine besondere Genehmigung dieses Ministeriums erhal=
ten haben. Dadurch könnten für die Vorbereitung von Experimen=
ten am Menschen aber auch für Vorversuche zur Einführung einer
neuen Heilmethode empfindliche Einschränkungen normiert wer=
den, da nur jene Ärzte rechtlich in der Lage wären, auch hinsicht=
lich übertragbarer Krankheiten Versuche anzustellen, welche die
Möglichkeit haben, in einer der besonderen Anstalten tätig zu sein.

Einen Ausweg scheint die Textierung dieser Verordnung
selbst zu zeigen, indem darin besonderes Gewicht auf den Zweck,
zu welchem solche Experimente vorgenommen werden, gelegt
wird. Der § 7 (1) lautet nämlich: „Mit Kulturen= und Tierver=
suchen verbundene bakteriologische Untersuchungen[143])

---

[142]) Abgedruckt bei Hipppel S. 248.
[143]) Sperrung vom Verfasser.

von Materialien, die Erreger von auf den Menschen übertragbaren Infektionskrankheiten enthalten, dürfen grundsätzlich nur in den hiefür eingerichteten Anstalten vorgenommen werden." Also nur Untersuchungen, nicht aber Experimente sind auf die besonderen Anstalten beschränkt. Wenn auch zugegeben werden muß, daß durch den Zweck des Versuches die Gefährdung der Umgebung, welche durch diese Verordnung ausgeschaltet werden soll, nicht beeinflußt wird, so zeigt doch die streng grammatische Auslegung die einzig mögliche Lösung. Die Verhütung einer Ge= fährdung der Umwelt scheint auch nicht der einzige Zweck dieser Verordnung zu sein, vielmehr dürfte damit vor allem eine Rege= lung für Laboratorien, welche gegen Entgelt klinisch=diagnostische Untersuchungen durchführen, beabsichtigt gewesen sein.

Würde man diese Verordnung auch auf bakteriologische Tier= versuche, welche der Vorbereitung eines Experiments am Men= schen dienen, anwenden, so wäre der größte Teil der Ärzte von solchen Forschungsarbeiten ausgeschlossen. Es waren aber nicht immer Ärzte an großen Instituten, welche die entscheidenden Fortschritte der Medizin mit ihrem Namen verbinden; nicht sel= ten fanden unbekannte Landärzte — denken wir nur an Robert Koch — durch nimmermüdes Experimentieren in ihrer Freizeit das, worum sich die Professoren in den großen Forschungszentren jahrelang vergeblich bemüht hatten.

Was die damit verbundene Gefahr der Ausbreitung anstecken= der Krankheiten betrifft, wird man sich auf das Verantwortungs= bewußtsein der Ärzteschaft verlassen können, daß sie die Ver= suche in einer Weise anstellt, die eine Gefährdung der Umwelt ausschließt. Außerdem werden sich die Experimente nur auf land= läufige Infektionskrankheiten beschränken, mit deren Prophylaxe jeder Arzt vertraut sein muß, weil er ja täglich mit ihnen in Be= rührung kommen kann. Tierversuche mit besonders gefährlichen Krankheiten, wie Cholera, Pest, Gelbfieber usw. sind bei uns kaum wahrscheinlich, weil sich ein gewöhnlicher Arzt hiefür nicht einmal die nötigen Bakterienkulturen verschaffen kann. Daß aber auch die Durchführung von solchen Experimenten in eigenen An= stalten nicht jede Gefahr einer Infektion ausschließt, beweisen einige Pestfälle, die bei Versuchen mit Pesterregern im Wiener Allgemeinen Krankenhaus auftraten[144]), sowie eine Erkrankung an Rotz, welche die Folge des Zentrifugierens von Rotzbakterien in einem Wiener Institut und des dabei erfolgten Springens eines

---

[141]) Näheres hierüber bei Schönbauer S. 332.

Behälters war[145]). Andererseits ist in der Literatur kein Fall einer Gefährdung der Umwelt bekannt geworden, der dadurch einge⸗ treten wäre, daß ein Arzt außerhalb einer Anstalt Versuche mit Infektionskrankheiten angestellt hat.

b) Die notwendigen Merkmale der Einwilligung

Wenn wir unter dem Begriff der Einwilligung die ernstlich gemeinte, freiwillige, stets widerrufliche, vor dem Eingriff erklärte Zustimmung zu einer sich gegen den Einwilligenden richtenden, an sich rechtswidrigen Verletzung verstehen, so sind damit schon die wesentlichen Merkmale, welche eine rechtlich relevante Ein⸗ willigung aufweisen muß, festgelegt[146]).

Die Einwilligung muß demnach vor allem ernstlich und frei von Willensmängeln abgegeben werden; der Einwilligende darf weder unter Zwang stehen, noch darf ihn der Experimentator im Zweifel darüber lassen, daß es sich um einen wissenschaftlichen Versuch handelt. Vorspiegelung einer Heilbehandlung wäre Irre⸗ führung — auch müssen der Versuchsperson die zu erwartenden Folgen genau auseinandergesetzt werden. Was oben für die erst⸗ malige Anwendung einer neuen Heilbehandlung hinsichtlich der Aufklärungspflicht des Arztes gesagt wurde[147]), gilt hier nicht.

Hinsichtlich der Freiheit der Einwilligung wird mitunter be⸗ hauptet, daß in manchen Spitälern die Patienten so sehr von den Ärzten abhängig wären, daß sie sich nicht dagegen wehren könn⸗ ten, wenn diese an ihnen ein Experiment vornehmen wollten[148]). Mögen auch in der Vergangenheit diesbezüglich hin und wieder Übergriffe vorgekommen sein, gehören solche Beschuldigungen im wesentlichen in die Kategorie jener grundlosen Behauptungen, von denen eingangs die Rede war, oder sie stützen sich darauf, daß zwischen Experiment und Heilbehandlung keine Unterscheidung gemacht wird. Wenn die Kliniken im Vergleich zu den Hausärzten, welche sich ja nicht dauernd den Patienten widmen können, über mehr Möglichkeiten für eine intensivere Therapie verfügen und auch leichter in der Lage sind, beim Versagen eines Heilmittels ein anderes anzuwenden, so ist das gewiß kein Nachteil für den Patienten und auf keinen Fall ein Experiment.

---

[145]) E b e r m a y e r S. 109 f.
[146]) Vgl. dazu G e r l a n d S. 527.
[147]) Oben S. 41 f.
[148]) P l e s c h S. 65.

Für eine rechtlich beachtliche Einwilligung ist weiters erfor=
derlich, daß die Zustimmung im Zeitpunkt der Vornahme des Ex=
periments vorliegt. Wurde sie bereits vorher erteilt, kann sie
jederzeit, auch während des Versuches, zurückgenommen werden.

Nicht so leicht ist die Frage zu beantworten, wie alt die Ver=
suchsperson sein muß, um eine wirksame Einwilligungserklärung
abgeben zu können. Der Zeitpunkt der vollen Geschäftsfähigkeit
scheint zu spät zu sein, da der Gesetzgeber bereits den Handlun=
gen jüngerer Personen rechtliche Bedeutung zukommen läßt. Auch
kann man z. B. einem Studenten, der wohl noch nicht das 21. Le=
bensjahr vollendet hat, aber auf Grund seiner Vorbildung genü=
gend Einsicht besitzt, um die Situation zu überblicken und dem=
entsprechend einen Entschluß zu fassen, schwerlich die Berechti=
gung absprechen, eine wirksame Zustimmungserklärung abgeben
zu können. Andererseits genügt es nicht, daß der gesetzliche Ver=
treter an Stelle eines geistig noch nicht genügend Reifen die Ein=
willigung erteilt. Denn mag es auch einer zurechnungsfähigen Per=
son überlassen bleiben, einer Verletzung der eigenen Körperin=
tegrität zuzustimmen, der gesetzliche Vertreter hat nicht das
Recht, mit der Gesundheit seines Pflegebefohlenen nach Gutdün=
ken zu verfahren[149]). Eine Heilbehandlung, in die einzuwilligen er
legitimiert wäre, liegt ja hier nicht vor.

Für den Geltungsbereich des deutschen Strafrechts wurde als
passende Altersgrenze 18 Jahre — analog dem § 65 dStGB.[150]) —
angesehen[151]). Im Hinblick auf die auch in unserem Rechtskreis
vom Gesetzgeber normierte Beachtlichkeit der Handlung Acht=
zehnjähriger[152]) wird dieses Alter für geeignet gehalten werden
können, daß nach seinem Erreichen eine Person eine wirksame
Zustimmungserklärung zu einer Verletzung abgeben kann.

Eine Stellvertretung könnte nur für das rein formale Moment
der Erklärung anerkannt werden. Ansonsten ist sie auch bei Er=
wachsenen als unzulässig anzusehen, da es sich hier um einen
höchstpersönlichen Zustand der Körperintegrität handelt, über den
zu entscheiden der betreffenden Person selbst vorbehalten bleiben
muß.

---

[149]) Vgl. dazu W i l h e l m S. 20.

[150]) § 65 dStGB. handelt von dem Mindestalter, das ein Verletzter auf=
weisen muß, um selbständig einen Antrag auf Bestrafung bei Antragsdelikten
stellen zu können.

[151]) B ü d i n g e r 1, S. 44, G e r l a n d S. 528, M a l a n i u k I, S. 134.

[152]) Über die rechtlich relevante Reife jugendlicher Personen vgl. die
Begründung zur Regierungsvorlage des Jugendgerichtsgesetzes (insbesondere
zu § 10) und K a d e č k a S. 78.

Daß die Versuchsperson außer dem hinreichenden Alter auch ansonsten die vollkommene Zurechnungsfähigkeit besitzen muß, bedarf keiner weiteren Begründung.

5. Besondere Fälle von Experimenten

a) Vornahme eines Experiments in Verbindung mit einer Heilbehandlung

Gewisse Merkmale, welche der Heilbehandlung und dem Experiment am Menschen wenigstens rein äußerlich gemeinsam sind — hier wie dort nimmt ein Arzt auf die Körperintegrität einer Person Einfluß, der seinem Wesen nach, ob Experiment oder Heilbehandlung, oft nur durch den damit verfolgten Zweck bestimmbar ist — legen die Möglichkeit nahe, daß ein Experiment mit einer Heilbehandlung verbunden oder daß ein Experiment als Heilbehandlung getarnt werden könnte.

Kein geringerer als Goethe hat in der bekannten Schülerszene auf die Zweideutigkeit mancher ärztlicher Maßnahmen hingewiesen. Wenn Mephisto bei der Schilderung des ärztlichen Berufes davon spricht, daß der Arzt ein Mädchen um die Hüfte faßt, um — wie er vorgibt — die Schnürung ihres Mieders zu prüfen, während der Schüler diese Handlung in einem ganz anderen Sinne deutet, ergibt sich daraus schon, welch verschiedene Motive ein und derselben Geste zugrunde liegen können.

Eine mögliche äußerliche Ähnlichkeit zwischen einem Experiment und einer Heilbehandlung ändert aber natürlich nichts an dem dem Wesen nach bestehenden Unterschied zwischen diesen beiden Seiten ärztlichen Handelns. Es wird bei der rechtlichen Beurteilung ausschließlich darauf abzustellen sein, welcher tatsächliche Zweck einem Eingriff zugrunde liegt.

Sollte also eine Heilmaßnahme vorgetäuscht werden, um ein Experiment, zu welchem die betreffende Person andernfalls vielleicht nicht ihre Zustimmung gäbe, durchzuführen, so würde die Rechtswidrigkeit der damit verbundenen Körperverletzung nicht beseitigt, da hinsichtlich der Heilbehandlung, zu welcher die Person zugestimmt hat, der Heilungszweck und für das Experiment die ausdrücklich darauf gerichtete Einwilligung in die Körperbeschädigung fehlt.

Bei einem mit einer Heilbehandlung verbundenen Experiment muß nicht nur die Zustimmung des Patienten, sich behandeln zu lassen, vorliegen, sondern es ist auch erforderlich, daß außerdem noch in das Experiment eingewilligt wird.

Mit Rücksicht darauf aber, daß es auf den Patienten keinen guten Eindruck machen kann, wenn der Arzt, von dem er sich Heilung erwartet, an ihn mit dem Ansinnen herantritt, sich als Versuchsperson zur Verfügung zu stellen, wird die Verbindung einer Heilbehandlung mit einem Experiment überhaupt nur ausnahmsweise in Frage kommen.

b) Experimente an zum Tode Verurteilten und an Moribunden

Die Unzulässigkeit der Durchführung eines Experimentes, bei dem von vornherein der Eintritt schwerer Verletzungsfolgen anzunehmen ist, könnte dort als nicht gegeben erachtet werden, wo eine Person, auch ohne daß sie an dem Versuch teilnimmt, mit ihrem baldigen Tode zu rechnen hat — also bei zum Tode Verurteilten oder bei Moribunden. Denn, so könnte argumentiert werden, in diesen Fällen müßte es gleichgültig sein, auf welche Weise der Tod eintritt; der betreffende Mensch sei ohnedies einem baldigen Untergang geweiht, es gereiche der Allgemeinheit nur zum Vorteil, wenn vorher noch wissenschaftliche Ergebnisse erzielt werden könnten.

Was zunächst Versuche an Moribunden betrifft, so wird durch die Tatsache, daß ein Mensch dem Tode nahe ist, in rechtlicher Beziehung für das Experiment nichts gewonnen: es wird dadurch weder ein neuer Rechtfertigungsgrund geschaffen, noch kommt der Einwilligung eines Sterbenden eine andere Wirkung als der eines Gesunden zu.

Wenn Oppenheim[153]) meint, in solchen Fällen unter Hinweis auf die Rechtsüberzeugung des Volkes einen besonderen Rechtfertigungsgrund ins Treffen führen zu können, geht seine Annahme fehl. Eine solche Überzeugung besteht höchstens bei Anhängern der Euthanasie; sie hat keineswegs zur Bildung eines Gewohnheitsrechtes geführt und ist rechtlich irrelevant.

Es tritt also bei der Beurteilung des Experiments keinerlei Änderung ein, ob es nun an einem Gesunden oder an einem Schwerkranken vorgenommen wird.

Schon von Kleopatra haben wir gehört, daß sie Experimente an zum Tode Verurteilten vornehmen ließ. Ähnliches erfahren wir

---

[153]) Angeführt bei Büdinger 1, S. 64 f.

auch aus der jüngsten Vergangenheit: in Konzentrationslagern wurden mitunter — neben anderen Personen — Häftlinge, über die ein Todesurteil gesprochen worden war, zu Versuchen mit tödlichem Ausgang herangezogen[154]).

Wie steht es nun in solchen Fällen mit der Rechtswidrigkeit des Experiments?

Über die Vollstreckung der Todesstrafe im ordentlichen Verfahren bestehen bei uns Vorschriften in den §§ 13 StG. und 403 f. StPO. Da es sich um gesetzliche Bestimmungen handelt, ist ein Verstoß gegen sie — also eine Herbeiführung des Todes des Delinquenten auf eine andere als die vorgeschriebene Art — rechtswidrig.

Es ereignet sich aber mitunter, daß ein Delinquent den Wunsch äußert, sein verwirktes Leben wenigstens einem nutzbringenden Zweck zur Verfügung zu stellen. Eine Entscheidung über ein solches Verlangen obläge der Strafvollzugsbehörde (im weiteren Sinne). Aber selbst unter Berücksichtigung der Tatsache, daß es zum Nutzen der Allgemeinheit beiträgt, wenn ein Delinquent durch seinen Tod wissenschaftliche Erkenntnisse fördern hilft, wird wohl kaum eine Entscheidung gegen den ausdrücklichen Wortlaut des Gesetzes zu erwarten sein.

Ohne Verlangen bzw. Zustimmung des zum Tode Verurteilten wird ein Abgehen von der gesetzlich normierten Vollzugsart auf jeden Fall unzulässig sein, da eine Verurteilung zum Tode keinen Freibrief dafür darstellt, daß mit dem Delinquenten nach Belieben verfahren werden kann.

c) Das Experiment als Selbstversuch und die Anstiftung hiezu

Es bleibt nun noch der Fall zu untersuchen, daß das Experiment nicht von einer Person an einer anderen, sondern als Selbstversuch vorgenommen wird. Dabei steht weniger die Verantwortlichkeit desjenigen, der sich selbst die Verletzung zufügt, im Vordergrund des Interesses; Selbstverletzung oder versuchter Selbstmord bleiben ja, falls nicht besondere Verhältnisse, wie Versicherungsbetrug oder Entziehung von der Wehrpflicht vorliegen, straflos.

Bedeutsamer ist vielmehr die Frage, ob sich jemand, der einen anderen zu einem Selbstversuch verleitet oder ihn dabei unterstützt, strafbar macht. Es könnte ja mit Rücksicht darauf, daß

---

[154]) S c h i n z S. 64.

eine schwere Körperverletzung auch mit Zustimmung des Beschä=
digten nicht von Strafe frei bleibt, vom Experimentator versucht
werden, den entsprechenden Eingriff nicht selbst vorzunehmen,
sondern ihn von der Versuchsperson eigenhändig durchführen zu
lassen.

Obgleich nach weitverbreiteter Lehre und Rechtsprechung
jede Anstiftung zur Selbstverletzung, auch wenn sie zum Tode
führt, straflos ist[155]), wurde im Jahre 1934 der § 139 b in das öster=
reichische Strafgesetzbuch neu eingefügt und damit jede Anstif=
tung oder Beihilfe zur Selbsttötung für strafbar erklärt. Bei einem
Experiment, das wohl als Selbstversuch durchgeführt wird, wo
aber der letale Ausgang von vornherein anzunehmen ist, haftet
also jeder, der zu diesem Selbstversuch angeleitet oder dabei Hilfe
geleistet hat, nach § 139 b.

Aus der Tatsache, daß es der Gesetzgeber für nötig erachtet
hat, die Mitschuld am Selbstmord unter Strafe zu stellen, kann
aber argumento a maiori ad minus nicht geschlossen werden, daß
auch die Anstiftung zur Selbstverletzung inkriminiert ist.

Da hier eine Selbstbeschränkung des Gesetzgebers vorliegt,
würde eine analoge Anwendung des im § 139 b StG. zum Aus=
druck kommenden Gedankens eine mit Rücksicht auf Art. IV des
Kundmachungspatentes unzulässige Schaffung eines neuen Tatbe=
standes bedeuten. Vielmehr ist im Hinblick auf § 139 b StG. argu=
mento e contrario der Schluß zu ziehen, daß der Gesetzgeber eine
Mitschuld an einer Selbstverletzung nicht inkriminiert wissen wollte.
Die Anstiftung einer Person, sich selbst zum Zwecke eines wis=
senschaftlichen Experiments eine Verletzung zuzufügen, bleibt da=
her straflos, wenn nicht von vornherein ein tödlicher Ausgang er=
kennbar ist. Vorausgesetzt ist dabei allerdings, daß die sich selbst
beschädigende Person genügend Einsicht in die Folgen ihrer Hand=
lung hat[156]), da andernfalls der Anstifter eine Körperverletzung
als mittelbarer Täter zu verantworten hätte.

Es kann daher eine Person ungestraft eine andere dazu ver=
leiten, sich selbst auch eine schwere Verletzung zuzufügen. Mag
auch zugegeben werden, daß der letzthin in der Außenwelt erzielte
Erfolg der gleiche ist, ob sich jemand über Anraten eines anderen
selbst die Verletzung zufügt oder ob der andere mit Einwilligung
des Verletzten die Beschädigungshandlung vornimmt, so entspricht
diese Unterscheidung wohl auch dem Rechtsempfinden, das doch

---

[155]) Siehe B a r 1, S. 245.
[156]) Vgl. M a l a n i u k II, S. 15.

anders reagiert, wenn die Verletzung von einer anderen Person ge=
setzt wurde als wenn der Verletzte selbst Hand an sich gelegt hat.
In letzterem Falle dokumentiert sich auch die Einwilligung in die
Körperbeschädigung in einer viel stärkeren Weise als durch eine
bloße Äußerung, die nur allzu oft nicht mit allen ihren Folgen be=
dacht wird. Soll aber die Versuchsperson selbst Hand an sich
legen, ist doch im allgemeinen ein größeres Hemmungsmoment zu
überwinden.

Im Rahmen des wissenschaftlichen Experiments wird die An=
stiftung zur Selbstverletzung nur einen beschränkten Anwendungs=
bereich finden, da nicht jede Versuchsperson über die allenfalls
notwendige Handfertigkeit verfügt, um an sich selbst das Experi=
ment vorzunehmen.

6. Experiment und ärztliche Ethik

Betrachten wir das wissenschaftliche Experiment vom Stand=
punkt der ärztlichen Ethik aus, so fällt vor allem auf, daß der Arzt
bei solchen Versuchen nicht im Rahmen seiner ursprünglichen
Aufgabe handelt, ja sogar in Gefahr gerät, gegen das oberste
Gebot seines Standes „nil nocere" zu verstoßen. Wenn letzteres
vom Ärztestand überhaupt hingenommen werden kann, dann nur
unter dem Gesichtspunkt, daß durch die Beeinträchtigung der
körperlichen Integrität einer Person für ungezählte andere Men=
schen wichtige Erkenntnisse gewonnen werden können.

Dieser Versuch einer ethischen Rechtfertigung des wissen=
schaftlichen Experiments darf natürlich keinen Vorwand bieten,
um unter Berufung darauf rücksichtslos Menschen als Versuchs=
objekte einzusetzen. Der Zweck heiligt auch vom Standpunkt der
Ethik aus nicht die Mittel[157]). Die Bestimmung und der Wert
eines Menschenlebens gehen über die Bedeutung, die einem Werk=
stück im Rahmen einer Materialprüfung zukommt, hinaus. Bei
letzterem mag es hingenommen werden, wenn es bei einer Zer=
reißprobe zugrunde geht; durch keinen wissenschaftlichen Zweck
werden vor dem Gewissen Versuche gerechtfertigt, die bis zum
Tode der Versuchsperson der Feststellung dienen sollen, bei wel=
cher Unterkühlung eigentlich der Tod eines Menschen eintritt und
wieviele Tage ein Mensch ohne Wasseraufnahme leben kann.

---

[157]) Hierüber B a r 1, S. 249.

Daß ein Experiment, welches aller Voraussicht nach mit dem Tode der Versuchsperson endet, wohl den größten aller denkbaren Widersprüche zum wahren Arzttum bildet, bedarf keiner weiteren Begründung. Der Satz „mors gaudet succurrere vitae" hat eben nur in der Anatomie seine Berechtigung, in den Fächern der Medizin, die sich mit dem lebenden Menschen beschäftigen, darf es keine „Thanatologie" geben[158]), der lebende Mensch muß für den Arzt auf jeden Fall eine sacrosancte Person bleiben[159]).

Aber auch ein Experiment, das darauf abgestellt ist, eine schwere körperliche Beschädigung herbeizuführen, erweist sich mit den Grundsätzen der ärztlichen Ethik ebenso unvereinbar wie mit den Normen der Rechtsordnung.

Auch eine solche Handlungsweise müßte das Vertrauen, das der Ärztestand genießt, zerstören. Denn der Arzt muß sein Verhalten so einrichten, daß sich der Kranke ohne Bedenken in seine Behandlung begeben kann. Jedes Abweichen vom Wege der Lebenserhaltung und Gesundheitsförderung führt zu gefährlichen Konsequenzen und entfernt den Arzt von dem Idealbild eines wahren Arzttums, wie es schon in der Suthrastana niedergelegt ist: „Man kann vor einem Bruder, einer Mutter, einem Freund Furcht empfinden; vor einem Arzt niemals"[160]).

Das Äußerste, was vom Standpunkt der ärztlichen Ethik vertretbar erscheint, ist noch ein wissenschaftliches Experiment, das mit einer leichten Beeinträchtigung der Gesundheit der Versuchsperson verbunden ist, da in diesem Fall auch begründete Aussicht auf völlige Wiederherstellung der betreffenden Person besteht.

So deckt sich bei unserem Problem das rechtlich Erlaubte mit dem ethisch Zulässigen, was ja nicht immer zutreffen muß, so zum Beispiel, wenn ein Staat die Euthanasie gesetzlich freigeben würde!

Es bleibt allerdings die Frage offen, ob nicht in einem besonderen Ausnahmefall vom Standpunkt der ärztlichen Ethik ein Ex-

---

[158]) Dieser Ausdruck wurde von der Anklage in einem vor einem internationalen Gerichtshof durchgeführten Strafprozeß geprägt für „the science of producing death".

[159]) B ü d i n g e r 1, S. 65.

[160]) B r e i t n e r S. 37; vgl. dazu auch „The Journal of the American Medical Association" Vol. 132, Nr. 12, pag. 714. „Since the earliest times society has expected of the physician a standard of conduct compatible with the nature of this profession... A physician should be an upright man, instructed in the art of healing. Consequently he must keep himse!f pure in character and conform to a high standard of morals."

periment gerechtfertigt erscheint, das rechtlich als unerlaubt an=
gesehen werden muß. Dieser Ausnahmefall betrifft eine Ver=
letzung bzw. Gefährdung schweren Grades, welche bei einem
wissenschaftlichen Versuch e i n Mitarbeiter einem a n d e r e n
beibringt.

Daß solche Experimente vorgenommen wurden, ist durch die
Geschichte der Medizin hinlänglich belegt. Die an der Gewinnung
einer wissenschaftlichen Erkenntnis beteiligten Personen betrach=
ten sich eben als eine einheitliche Kampfgemeinschaft, von der
jeder auch bereitwillig seine Gesundheit in die Waagschale wirft,
und falls das Experiment nicht als Selbstversuch vorgenommen
werden kann, nehmen sie die entsprechenden Einwirkungen auf
die Gesundheit auch gegenseitig vor.

Bei einem so weitgehenden Eintreten der Persönlichkeit für
die gemeinsame Arbeit mag ein Arzt, der einen anderen Experi=
mentator in eine schwere Gefahr versetzt, vor sich selbst gerecht=
fertigt erscheinen; vom Standpunkt der Rechtsordnung aus ist er
es allerdings nicht.

Neuerdings machen sich Bestrebungen der Ärzteorganisationen
geltend, eigene Richtlinien für die Durchführung von Experimen=
ten herauszugeben. So wurden in den USA. Ende 1946 solche Leit=
sätze zusammengestellt. Leider konnte aus der bei uns aufliegen=
den Literatur nichts Näheres hierüber entnommen werden.

Solche Richtlinien für die österreichische Ärzteschaft aufge=
stellt, könnten allerdings nichts wesentlich Neues gegenüber den
hier aufgezeigten Grundsätzen bringen, denn sie müßten sich natür=
lich in dem von der Rechtsordnung bestimmten Rahmen halten,
deren Möglichkeiten für die Durchführung von Experimenten
auch vollkommen ausreichen.

Folgt ein Arzt bei Experimenten am Menschen den Normen
der Rechtsordnung, so kommt er auch nicht in einen Gewissens=
konflikt mit seinen Standespflichten, da hier zwischen den beiden
Leitlinien seines Handelns keine Diskrepanz besteht.

Ein Appell an die Ärzte, sich zu den Experimenten der jüng=
sten Vergangenheit zu äußern[161]), muß ohne Erfolg bleiben. Denn
wie könnte ein pflichtbewußter Arzt diese Versuche billigen oder
zu rechtfertigen versuchen!

Sollte ein Arzt mit den Experimenten in dem vorgezeigten
Ausmaß nicht das Auslangen zu finden glauben, bleibt es ihm un=
benommen, darüber hinausgehende Experimente im Selbstversuch

---

[161]) S t e i n b a u e r S. 8.

vorzunehmen[162]). Falls er zurückschreckt, dieses Opfer zu brin=
gen, möge er an jene Worte denken, die N o r d m a n n seinem
Praktikum der Chirurgie treffend vorangestellt hat: „Was Du
nicht willst, daß man Dir tu', das füg' auch keinem andern zu!" Es
hätte in der Vergangenheit viel Leid und Unrecht vermieden wer=
den können, wenn sich die Experimentatoren bei jedem Eingriff
gefragt hätten, ob sie den geplanten Versuch auch an sich selbst
oder an ihren Kindern anstellen würden.

Nachwort

Wurde am Beginn der vorliegenden Abhandlung die Versiche=
rung abgegeben, daß es der Rechtswissenschaft absolut nicht
darum geht, die Ärzteschaft zu bevormunden, so wurde diese Be=
hauptung durch die erzielten Ergebnisse wohl bekräftigt. Als Er=
gebnis der juristischen Untersuchung über die Heilbehandlung
und das ärztliche Experiment resultieren keineswegs wirklich=
keitsfremde und ärztefeindliche Verbote, welche die Ärzteschaft
in ihrem Handeln einengen und der dauernden Gefahr strafge=
richtlicher Verfolgung aussetzen. Insbesondere für das Experi=
ment wurde gezeigt, daß die Rechtsordnung im wesentlichen nichts
verbietet, was nicht auch nach den Grundsätzen der ärztlichen
Ethik verpönt sein muß. Ja, aus dem Kreise der Ärzteschaft selbst
werden Stimmen laut, die eine noch weitere Einschränkung der
Experimente fordern. So hält H a b e r d a überhaupt jeden wissen=
schaftlichen Versuch für unzulässig, wenn dabei die betreffende
Person einer Gefahr für ihre Gesundheit oder Körperintegrität
ausgesetzt wird[163]).

In der weiter zurückliegenden Vergangenheit waren Anklagen
wegen einer ärztlichen Forschungstätigkeit, also wegen eines Ex=
periments oder einer erstmaligen Heilbehandlung äußerst selten. In
einem auch vor dem Reichsgericht verhandelten Fall hatte ein
Arzt zur Beseitigung eines Unterleibsbruches bei einem noch
nicht ein Jahr alten Kind ein von ihm neu erdachtes Verfahren
der „Naht ohne Schnitt" zur Anwendung gebracht. Bei starken
Abwehrbewegungen des Kindes war der Darm angestochen wor=
den, wodurch eine Bauchfellentzündung verursacht wurde, der das
Kind dann erlag. Das Reichsgericht verwarf die gegen das verur=
teilende Erkenntnis eingebrachte Revision aus Gründen, die nicht

---

[162]) Beispiele für Selbstversuche u. a. bei B e r i n g e r S. 26 f.
[163]) H a b e r d a 2, S. 519.

die Tatsache betrafen, daß der Arzt einen Eingriff zum ersten
Male vorgenommen hatte, sondern weil es die Ansicht vertrat,
der Arzt habe fahrlässig gehandelt, da er die Operation an dem
unruhigen Kinde ohne Assistenz vorgenommen habe[164]).

Eine andere Verurteilung wegen Fahrlässigkeit betraf einen
Wiener Forscher, der mit Rotzbazillen experimentierte und mit
Erlaubnis des Assistenten der Lebensmitteluntersuchungsanstalt
eine Kulturaufschwemmung dieser Bakterien mit den Apparaten
des genannten Institutes zentrifugierte. Das Glas zerbrach beim
Zentrifugieren und die Bakterien flossen aus. Obwohl der Experi=
mentator zur Abtötung der Bakterien vorher Karbolsäurepilze in
die Aufschwemmung gegeben hatte, wurden mehrere Personen in=
fiziert, von denen eine starb. Das Gericht begründete das verur=
teilende Erkenntnis damit, daß der Angeklagte durch die Tat=
sache des angestellten Experiments nicht entschuldigt werde, da
ein Experimentator nur sein eigenes Leben aufs Spiel setzen dürfe;
würde das Leben anderer Personen gefährdet, müßten alle Vor=
sichtsmaßnahmen angewendet werden, um fremde Leben zu schüt=
zen. Dies habe der Experimentator unterlassen[165]).

Hingegen wurde in dem bereits oben angeführten Fall der an
einer Graviden vorgenommenen Punktion[166]) ein Freispruch ge=
fällt, weil das Gericht die Überzeugung gewann, daß der Arzt nur
das getan hat, was ihm in einer angesehenen medizinischen Zeit=
schrift als bereits erprobte Methode vorgetragen wurde.

Zusammenfassend kann also festgestellt werden, daß von
rechtlicher Seite die ärztliche Forschung weder in der Theorie,
noch in der Praxis durch unnötige Schwierigkeiten gehemmt wird.
Vorausgesetzt natürlich, daß sich die Experimente in den Gren=
zen eines wahren Arzttums bewegen.

Wenn aber einmal tatsächlich ein Übergriff eines Arztes vor=
kommt, so muß niemandem mehr als gerade der Ärzteschaft daran
gelegen sein, Mißstände abzustellen, welche das Ansehen des ge=
samten Standes schwerstens gefährden.

Sollte bei schwerwiegenden Vorwürfen ein Einschreiten der
Gerichte notwendig werden, so darf die Ärzteschaft versichert
sein, daß nur in Fällen eines dringenden Verdachtes eine Anklage
erhoben wird, und auch dann ist durch die ausnahmslose Zuzie=
hung eines erfahrenen ärztlichen Sachverständigen die Gewähr
geboten, daß die Belange der Ärzte volle Berücksichtigung finden.

---

[164]) S c h i e d e r m a i e r S. 135.
[165]) E b e r m a y e r S. 109 f.
[166]) Oben S. 3 f.

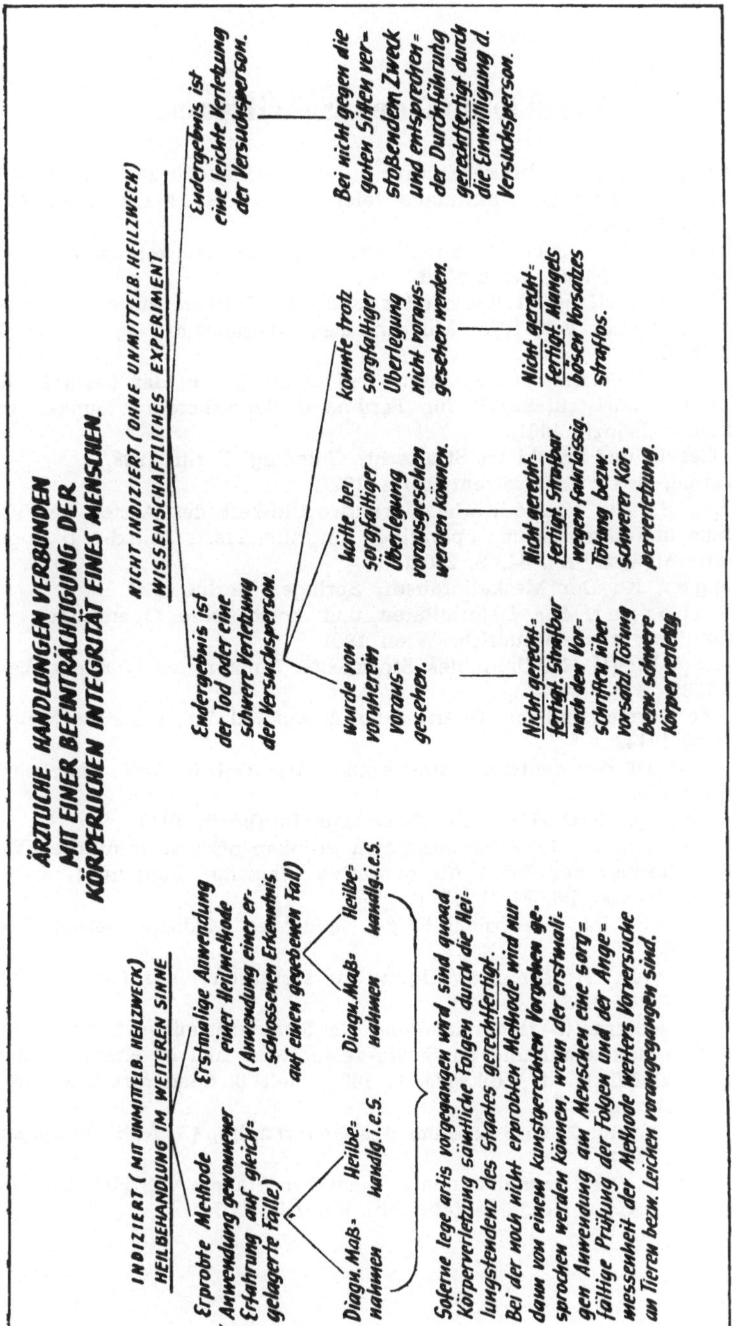

ÄRZTLICHE HANDLUNGEN VERBUNDEN
MIT EINER BEEINTRÄCHTIGUNG DER
KÖRPERLICHEN INTEGRITÄT EINES MENSCHEN.

INDIZIERT (MIT UNMITTELB. HEILZWECK)
HEILBEHANDLUNG IM WEITEREN SINNE

NICHT INDIZIERT (OHNE UNMITTELB. HEILZWECK)
WISSENSCHAFTLICHES EXPERIMENT

Erprobte Methode
(Anwendung gewonnener
Erfahrung auf gleich=
gelagerte Fälle)

Erstmalige Anwendung
einer Heilmethode
(Anwendung einer er=
schlossenen Erkenntnis
auf einen gegebenen Fall)

Endergebnis ist
der Tod oder eine
schwere Verletzung
der Versuchsperson.

Endergebnis ist
eine leichte Verletzung
der Versuchsperson.

Diagn. Maß=
nahmen

Heilbe=
handlg. i. e. S.

Diagn. Maß=
nahmen

Heilbe=
handlg. i. e. S.

wurde von
vornherein
voraus=
gesehen.

hätte bei
sorgfältiger
Überlegung
vorausgesehen
werden können.

konnte trotz
sorgfältiger
Überlegung
nicht voraus=
gesehen werden.

Bei nicht gegen die
guten Sitten ver=
stoßendem Zweck
und entsprechen=
der Durchführung
gerechtfertigt durch
die Einwilligung d.
Versuchsperson.

Soferne lege artis vorgegangen wird, sind quoad
Körperverletzung sämtliche Folgen durch die Hei=
lungstendenz des Staates gerechtfertigt.
Bei der noch nicht erprobten Methode wird nur
dann von einem kunstgerechten Vorgehen ge=
sprochen werden können, wenn der erstmali=
gen Anwendung am Menschen eine sorg=
fältige Prüfung der Folgen und der Ange=
messenheit der Methode weiters Vorversuche
an Tieren bezw. Leichen vorangegangen sind.

Nicht gerecht=
fertigt. Strafbar
nach den Vor=
schriften über
vorsätzl. Tötung
bezw. schwere
Körperverletzg.

Nicht gerecht=
fertigt. Strafbar
wegen fahrlässig.
Tötung bezw.
schwerer Kör=
perverletzung.

Nicht gerecht=
fertigt. Mangels
bösen Vorsatzes
straflos.

Verzeichnis des Schrifttums

A d l e r, E.: Die Persönlichkeitsrechte im allgemeinen bürgerlichen Gesetzbuch; Festschrift zur Jahrhundertfeier des ABGB., Manz, Wien 1911, II. Teil, S. 163 ff.

A l t m a n n, L. — J a k o b S.: Kommentar zum österreichischen Strafgesetz; Bd. I, Manz, Wien 1928.

B a l s e r: Berufstätigkeit des Arztes und der Entwurf zu einem neuen Strafgesetzbuch von 1925; Münchn. med. Wochenschr., Jg. 72, Nr. 35, S. 1474 ff.

B a r, L.: (1) Medizinische Forschung und Strafrecht; in der Festgabe der Göttinger Juristenfakultät für Ferdinand Regelsberger; Dunker und Humblot, Leipzig 1901.

— (2) Gesetz und Schuld im Strafrecht; Gutentag, Berlin 1909.

Begründung des Strafgesetzentwurfes 1927.

B e l i n g, E.: Die strafrechtliche Verantwortlichkeit des Arztes bei Vornahme und Unterlassung operativer Eingriffe; Liszts Zeitschr. f. d. ges. Strafrechtswiss., Bd. 44, S. 220 ff.

B e r i n g e r, K.: Der Meskalinrausch; Springer, Berlin 1927.

B i e s e n b e r g e r, H.: Deformitäten und kosmetische Operationen der weiblichen Brust; Maudrich, Wien 1931.

B i n d i n g, K.: (1) Handbuch des Strafrechts; Dunker und Humblot, Leipzig 1885.

— (2) Die Normen und ihre Übertretung; 2. Aufl., II. Bd., 1. Hälfte, Meiner, Leipzig 1914.

— (3) Grundriß des deutschen Strafrechts; Allg. Teil, 6. Aufl., Engelmann, Leipzig 1902.

B r e i t n e r, B.: Ärztliche Ethik; Innverlag, Innsbruck 1948.

B r ü c k m a n n, A.: Neue Versuche zum Problem der strafrechtlichen Verantwortlichkeit der Ärzte für operative Eingriffe; Zeitschr. f. d. ges. Strafrechtswiss., Bd. 24, S. 657 ff.

B ü c h n e r, F.: Das Menschenbild der modernen Medizin; Herder, Freiburg 1946.

B ü d i n g e r, K.: (1) Die Einwilligung zu ärztlichen Eingriffen; Deuticke, Leipzig-Wien 1905.

— (2) Die fehlerhafte Heilbehandlung im Strafgesetzentwurf. Die eigenmächtige Heilbehandlung im Strafgesetzentwurf und im Krankenanstaltengesetz; Mittlg. d. Volksges.-A. 1928, Heft 8, Sonderdruck aus dem Verlag Springer.

B u m m, E.: Grundriß zum Studium der Geburtshilfe; 13. Aufl., Bergmann, München 1921.

D i t t r i c h, P.: Verletzungen vom forensischen Standpunkt; Handbuch der ärztlichen Sachverständigentätigkeit, Bd. III, S. 3 ff.

Ebermayer, L.: Arzt und Patient in der Rechtsprechung; Mosse, Berlin 1925.

Eiselsberg, A.: Lebensweg eines Chirurgen; Tyrolia, Innsbruck-Wien 1938.

Exner, F.: Strafrecht und Moral; Sonderdruck, o. J.

Finger, A.: Das Strafrecht; Heymann, Berlin 1912.

Fischer, A.: Die philosophischen Grundlagen der wissenschaftlichen Erkenntnis; Springer, Wien 1947.

Foltin, E.: Arzt und Strafrecht; Gerichtszeitung, Jg. 1925, Augustheft, Sonderdruck.

Frühwald, V.: Korrektive Chirurgie der Nase, Ohren und des Gesichtes; Maudrich, Wien 1932.

Gerland, H.: Die Selbstverletzung und die Verletzung des Einwilligenden. Vergleichende Darstellung; Allg. T., Bd. II, S. 487 ff.

Goldhahn, R.: Die Anzeige zum operativen Eingriff; Thieme, Leipzig 1938.

Goldhahn, R. — Hartmann, W.: Chirurgie und Recht; Enke, Stuttgart 1937.

Graßberger, R.: (1) Die Strafzumessung; Springer, Wien 1932.

— (2) Machtloses Recht und triumphierendes Unrecht; J. B. 68. Jg., S. 81 ff.

Gschmeider, A.: Vortrag über den ärztlichen Versuch am lebenden Menschen; J. Bl., 35. Jg., S. 87 f.

Gschnitzer, F.: Erläuterungen zu § 879 ABGB. in Klangs Kommentar; Bd. II/2, S. 179 ff.

Gürtler, H.: Todesstrafe und Schwurgericht; Manz, Wien 1946.

Haberda, A.: (1) Die Verantwortlichkeit des Chirurgen vor Gericht; Wiener klin. Wochenschr., Jg. 1921, Nr. 25, Sonderdruck.

— (2) Gerichtsärztliche Bemerkungen zu den Bestimmungen über strafbare Handlungen gegen Leib und Leben; Österr. Zeitschr. f. Strafr., 2. Jg., S. 463 ff.

Halban, J.: Gynäkologische Operationslehre; 2. Aufl., Urban und Schwarzenberg, Wien 1947.

Heimberger, J.: (1) Strafrecht und Medizin; Beck, München 1899.

— (2) Berufsrecht und verwandte Fälle. Vergleichende Darstellung; Allg. Teil, Bd. IV., S. 16 ff., Liebmann, Berlin 1908.

— (3) Arzt und Strafrecht; Festgabe für Frank, Bd. I, Mohr, Tübingen 1930, S. 389 ff.

Herz, W.: Über die Auslegung von Gesetzen; J. Bl. 69. Jg., Nr. 24, S. 532 ft.

Hippel, R.: Die Tierquälerei. Vergleichende Darstellung; Bes. Teil, Bd. II, S. 241 ff., Liebmann, Berlin 1906.

Hold-Ferneck, A.: Die Rechtswidrigkeit; Fischer, Jena 1903.

Horrow, M.: (1) Grundriß des österr. Strafrechts; Bd. I, 1. Hälfte, Leykam, Graz-Wien 1947.

— (2) Analogieanwendung und freie Rechtsfindung im Strafrecht; J. Bl. 70. Jg., Heft 4, S. 76 ff.

— (3) Die richterliche Bindung an das Strafgesetz; J. Bl. 68. Jg., S. 337 ff.

Janka, K.: Das österr. Strafrecht; Tempsky, Wien, 4. Aufl., 1902.

Kadečka, F.: Das österr. Jugendgerichtsgesetz; Manz, Wien 1929.

Kant, I.: Gesammelte Schriften; herausgegeben von der Preußischen Akademie der Wissenschaften, Berlin 1902 ff.

Kenneth Mellanby: Medical experiments on human beings in concentration camps in Nazi Germany; British medical Journal, 25. Jan. 1947.

Kommentar zum ABGB., herausgegeben von H. K l a n g; Österr. Staatsdruckerei, Wien, Bd. II/2 1934, Bd. IV 1935.

L i s z t, F.: Lehrbuch des deutschen Strafrechts; 17. Aufl., Guttentag, Berlin 1907.

M a j o c c h i, A.: Das Leben des Chirurgen; Huber & Co., Frauenfeld-Leipzig 1939.

M a k a r e w i c z, J.: Einführung in die Philosophie des Strafrechts; Enke, Stuttgart 1906.

M a l a n i u k, W.: Lehrbuch des Strafrechts; Bd. I, Manz, Wien 1947, Bd. II, 1. Teil, 1948.

M e i x n e r, K.: Die Haftpflicht des Arztes; Beiträge zur gerichtlichen Medizin, Bd. XIV, S. 1 ff.

M e l k u s, E.: Ein neues österreichisches Tierschutzgesetz; Ö. J.-Zeitg., 1. Jg., S. 74 f.

M e r k e l, A.: Lehrbuch des deutschen Strafrechts; Enke, Stuttgart 1889.

M e y e r, H.: Lehrbuch des deutschen Strafrechts; 5. Aufl., Deichert, Leipzig 1895.

M e z g e r, E.: (1) Strafrecht; Dunker und Humblot, Leipzig 1931.
— (2) Deutsches Strafrecht; 3. Aufl., Junker & Dünnhaupt, Berlin 1943.

M ü l l e r, B.: Der gegenwärtige Stand der Entwicklung des ärztlichen Operationsrechts; Münchn. med. Wochenschr., Jg. 89, S. 905 ff.

M ü l l e r - H e ß: Operationspflicht des Verletzten und Operationsrecht des Arztes; Jahreskurse für ärztliche Fortbildung, Jg. 15, Heft 9, S. 84 ff., zit. nach Dtsch. Zeitschr. f. d. ges. ger. Med., Bd. 6, S. 328.

N a g l e r, J.: Der heutige Stand der Lehre von der Rechtswidrigkeit; Festschrift für Binding, Engelmann, Leipzig 1911.

N a t h a n, E.: Über den Ausschluß der Rechtswidrigkeit im Strafrecht; Schletter, Breslau 1923.

N i e d e r m e y e r, A.: Ärztliche Ethik; Die Furche, 4. Jg., Nr. 15, S. 6 f.

N o r d m a n n, O.: Praktikum der Chirurgie; Urban und Schwarzenberg, Berlin-Wien 1944.

O p p e n h e i m: Das ärztliche Recht zu körperlichen Eingriffen an Kranken und Gesunden; Zit. nach Bar (1) und Stooß.

P e r r e t, W.: Die Grenzen der Aufklärungspflicht des Arztes vor operativen Eingriffen; Zentralblatt für Chir., Jg. 1941, S. 50 ff.

P l e s c h, J.: Janos: The story of a doctor; Gollancz, London 1947.

P l u t a r c h: Vitae parallelae; herausgegeben v. Floerke, Müller, München und Leipzig 1913.

R a m m, R.: Ärztliche Rechts- und Standeskunde; 2. Aufl., Walter de Gruyter, Berlin 1943.

R e i n i n g e r, R.: Wertphilosophie und Ethik; 2. Aufl., Braumüller, Wien-Leipzig 1946.

R e u t e r, F.: (1) Operationsrecht des Arztes und operative Sterilisation; Beiträge zur gerichtl. Medizin, Bd. X, S. 5 ff.
— (2) Lehrbuch der gerichtlichen Medizin; Urban & Schwarzenberg, Wien-Berlin 1933.

R i d d e l l: The legal responsibility of the surgeon; Lancet, Bd. 208, Nr. 17, S. 899 f., zit. nach Dtsch. Zeitschr. f. d. ges. ger. Medizin, Bd. 6, S. 217.

R i e d e l: Der operative Eingriff des Arztes im neuen Strafgesetzentwurf; Dtsch. Zeitschr. f. d. ges. ger. Medizin, Bd. 6, S. 175 ff.

R i t t l e r, Th.: Lehrbuch des österreichischen Strafrechts; Österr. Staatsdruckerei, Wien, Bd. I, 1933, Bd. II, 1938.

R o b i n s o n, H.: Freiheit der Meinungsäußerung und § 300 StG.; J. Bl.,
Jg. 70, Heft 4, S. 78 ff.

S c h i e d e r m a i r: Zur Frage der strafrechtlichen Haftung des Arztes für
einen Todesfall bei Anwendung eines noch nicht erprobten Operations-
verfahrens; Münchn. med. Wochenschr., Jg. 72, Nr. 4, S. 135.

S c h i n z, H.: Verrat an der Heilkunst; Neue Auslese, 2. Jg., Heft 8, S. 63 ff.

S c h l ä g e r, M.: (1) Operationseinwilligung und -duldung. Operationspflicht im Versicherungsheilverfahren; Monatsschr. f. Unfallheilkunde,
Jg. 48, S. 353 ff., zit. nach Dtsch. Zeitschr. f. d. ges. ger. Med., Bd. 36, S. 7.

— (2) Operation und Einwilligung; Dtsch. med. Wochenschr., Jg. 1940,
S. 1249 ff.

S c h m i d t, O.: Die rechtliche Stellung ärztlicher Eingriffe an Minderjähri-
gen; Dtsch. Zeitschr. f. d. ges. ger. Med., Bd. 10, S. 322 ff.

S c h m i d t, R.: Die strafrechtliche Verantwortlichkeit des Arztes für ver-
letzende Eingriffe; Fischer, Jena 1900.

S c h ö n b a u e r, L.: Das medizinische Wien; Urban & Schwarzenberg, Berlin und Wien 1944.

S c h w a r z, O.: Strafgesetzbuch; 9. Aufl., Beck, München und Berlin 1940.

S l a w e n t a t o r, D.: Das Experiment; Österr. Zeitg., Jg. 1947, Nr. 134, S. 4.

S t e i n b a u e r, G.: Noch einmal ärztliche Ethik; Die Furche, 4. Jg., Nr. 17,
S. 8.

S t a r l i n g e r, F.: Notchirurgie bei lebensbedrohenden Funktionsstörungen; Urban & Schwarzenberg, Berlin und Wien 1939.

S t o o ß, C.: Chirurgische Operation und ärztliche Behandlung; Liebmann,
Berlin 1898.

T a n z e r, M.: Wodurch ist die Tötung auf Verlangen als privilegierter
Fall des Mordes gerechtfertigt? J. Bl., Jg. 68, Nr. 19, S. 417 ff.

T h o m a s, F.: Die strafgesetzliche Natur ärztlicher Eingriffe in dem Entwurf zu einem deutschen Strafgesetzbuch. Das sogenannte Operationsrecht; Med. Klinik, Jg. 20, Nr. 18, S. 550 ff.

T ü r k e l, S.: Das Ärzterecht nach dem österreichischen Strafgesetzentwurf;
Separatabdruck aus der Gerichtszeitung, Jg. 1928, Nr. 4.

V e r d r o ß - D r o ß b e r g, A.: Antike Rechts- und Staatsphilosophie; Springer, Wien 1946.

W a c h i n g e r, M.: Der übergesetzliche Notstand nach der neuesten Rechtsprechung; Festgabe für Frank, Bd. I, Mohr, Tübingen 1930, S. 469 f.

W a l d m a n n: Zur strafrechtlichen Verantwortung des Arztes; Dtsch.
Justiz, Ausg. A, Jg. 1942, S. 568.

W i l h e l m: Operationsrecht des Arztes und Einwilligung des Patienten
in der Rechtspflege; Adler, Berlin 1912.

W ö l f l e r, A. — D o b e r a u e r, G.: Kunstfehler in der Chirurgie; Handbuch der ärztlichen Sachverständigentätigkeit, Bd. III, S. 597 ff., Braumüller, Wien 1906.

W o l f f, K.: (1) Verbotenes Verhalten; Hölder-Pichler-Tempsky, Wien 1923.

— (2) Erläuterungen zum Recht des Schadenersatzes in Klangs Kommentar;
Bd. IV, S. 3 ff.

Z i m m e r l, L.: Strafrechtliche Arbeitsmethode de lege ferenda; Walter de
Gruyter, Berlin und Leipzig 1921.